日本土木技术译丛

地下结构抗震分析及防灾减灾措施

[日] 滨田政则　著
陈剑　加瑞　译
吴旭　校

中国建筑工业出版社

著作权合同登记图字：01—2016—0033号

图书在版编目（CIP）数据

地下结构抗震分析及防灾减灾措施／（日）滨田政则著；陈剑，加瑞译．—北京：中国建筑工业出版社，2016.5

（日本土木技术译丛）

ISBN 978-7-112-19203-8

Ⅰ.①地… Ⅱ.①滨…②陈…③加… Ⅲ.①地下工程—抗震设计②地下工程—灾害防治 Ⅳ.①TU92

中国版本图书馆CIP数据核字（2016）第042063号

责任编辑：刘婷婷 刘文昕
责任设计：董建平
责任校对：陈晶晶

日本土木技术译丛

地下结构抗震分析及防灾减灾措施

[日]滨田政则 著

陈剑 加瑞 译

吴旭 校

＊

中国建筑工业出版社出版、发行（北京西郊百万庄）

各地新华书店、建筑书店经销

北京嘉泰利德公司制版

北京中科印刷有限公司印刷

＊

开本：787×1092毫米 1/16 印张：15 字数：332千字

2016年8月第一版 2016年8月第一次印刷

定价：**49.00**元

ISBN 978-7-112-19203-8

（27471）

中文版序

近几十年来，世界范围内地震灾害频发，由地震引起的砂土液化及地基变形，导致各类构（建）筑物、地下管线破坏，造成了巨大损失。中国是地震多发国，地质构造复杂，很多大中城市都位于冲积地层上，地震灾害风险大，所以有关岩土地震工程防灾减灾的研究具有十分重要的科学价值和实用意义。

本书作者滨田政则先生是岩土地震工程防灾减灾领域的世界著名学者，1966年大学毕业后就投身于岩土地震工程防灾减灾的现场调查、科学研究和工程实践，积累了十分丰富的经验，取得了诸多开创性的成果。本书是作者近半个世纪研究成果的系统总结，具有以下主要特色：

1. 从作者亲身参与的地震灾害调查实例出发，通俗易懂地介绍了近几十年来世界范围内发生的主要地震灾害及其调查成果，涉及日本、印度尼西亚、巴基斯坦、孟加拉等许多国家和地区。

2. 以作者的开创性研究工作为基础，简明扼要地阐述了砂土地震液化及地基液化大变形的现象、规律、机理以及工程对策，核电站结构物抗震安全性评价，隧道、地下发电站、地下油罐的现场地震响应监测和分析，煤气地下管道等生命线工程的防液化对策与抗震设计等系列成果。

3. 结合作者长期担任日本相关学术组织领导者的实践，高屋建瓴地强调了科学研究成果转化为工程设计应用的途径及其重要性，阐明了如何通过地震灾害调查结果，逐步修改完善工程抗震设计规范，为有效制定防灾减灾的行政政策提供科学依据。

4. 根据作者推动国际学术交流的丰富经验，生动形象地记述了岩土地震工程防灾减灾的国际合作和学术交流活动，强调了推广普及的重大意义和深远影响。

本书既介绍了滨田先生个人的学术成就和观点，同时也介绍了以他个人的思想、观点和方法为主导对博大精深的岩土地震工程防灾减灾学科领域进行的独到论述和精辟诠释。本书的翻译出版，无疑可为我国从事岩土地震工程防灾减灾的科技工作者提供一本非常难得的学术精品著作，相信会使各位受益匪浅。

张建民

清华大学教授

清华大学土木水利学院院长

中国土木工程学会土力学及岩土工程分会理事长

前　言

在本书写作过程中，2011 年 3 月 11 日发生了东日本大地震（东北地区太平洋近海地震）。该地震震级 9.0，是日本有史以来最大的地震。地震引发海啸、地震动和斜坡滑塌等灾害，造成死亡、失踪人数达 18641 人（截至 2012 年 10 月 31 日）。该地震是日本自关东大地震以来再次发生的巨大地震。作为地震防灾先进国家的日本，该地震造成的重大灾害让该领域的研究者无法释怀。毫无疑问，灾害发生的最大根源是对地震及海啸预测的失败。地震发生之前，政府防灾会议就预测东北地区宫城县近海地震的发生概率高达 99%，预测震级为 7.5，而本次地震能量是预测值的 180 倍。文部科学省地震调查研究本部除预测宫城县近海地震外，还预测了日本海沟将发生 7.7 级地震。然而，即使上述地震同时发生，其震级达 8.0，也仅是实际发生地震能量的 1/32。预测日本近海地震时，主要关注了沿南海海沟的东海地震、东南海地震及南海地震。多数地震研究者参加了上述近海地震预测工作，国家也投入了大量调查研究经费。若上述近海地震同时发生，其震级可达 8.5，但与实际发生的地震位置不符。公元 869 年发生的贞观地震所引发的海啸，与东北地区太平洋近海地震引发的海啸类似。因此，在东日本大地震发生前，人们就有过预测，从东北地区到茨城县海域的巨大地震及其引发的海啸还有可能再次发生。但是，该预测没有得到政府的重视。因此，为减轻今后地震、海啸灾害，有必要总结地震和海啸预测失败的原因，并在此基础上，指导今后国家的地震防灾减灾工作。

2004 年苏门答腊近海发生了 9.1 级地震，地震引发的海啸造成印度洋沿岸各国总计 20 万人以上的死亡。地震发生一个月后，作者访问了印度尼西亚苏门答腊岛北部的 Banda Ache 市。该市约 7 万人在这次海啸中丧生，死亡人数占全市总人口的 1/4。作者亲眼目睹了海啸造成的惨状，如果日本也发生海啸灾害，估计应该不会发生像苏门答腊海啸所带来的巨大破坏。另外，当时作者也认为日本不会发生震级超过 9.0 的巨大地震。但事实上，日本于 2011 年发生了震级为 9.0 的地震。现在仔细想来，苏门答腊西岸的板块构造与日本太平洋沿岸的板块构造非常相似，甚至日本的板块构造更为复杂和脆弱。作者深刻感受到"日本不会发生 9.0 级以上地震"的想法是没有科学根据的主观意愿。

作者等地震防灾领域的研究者过去也曾有同样的误判，那就是 1995 年发生的兵库县南部大地震，造成阪神、淡路地区的巨大破坏。该地震震级为 7.2 级，是由内陆断层引发的。地震后因各种原因，死亡人数达 6400 人。在该地震发生的一年前，以美国洛杉矶郊区为震中发生了 7.0 级的 Northridge 地震，造成了高速公路等的破坏。当时，日本也派出了调查团，包括作者在内的研究人员和技术人员，在媒体的采访中，都认为："日本高速公路的抗震性能很好，不会发生 Northridge 地区高速公路那样的破坏。"但是，兵库县南部地震时，位于断层附近的神户市等大都市圈发生了极为强烈的地震动，造成众多桥梁、建筑物的破坏，神户市发生的震害表明，众多的结构物并没有足够的抗震性能，日本的结构物抗震性能优越也仅是没有根据的盲目自信而已。

东北地区太平洋近海地震导致仙台港及千叶港的石化基地发生火灾。仙台港由于海啸漂浮物造成石化基地设施的破坏，千叶港球形储油罐破坏的原因是受到超过设计值的惯性力作用。另外，气仙沼市多数的船舶用燃料油罐因海啸上浮而漂移，从而引发海上火灾。石化基地火灾在以往的地震中也有发生。1964 年新潟地震时，重油油罐因长周期地震动引起内部液体的晃动，造成火灾。火灾持续了两周。此外，2003 年十胜近海地震苫小牧市的原油和轻油储罐发生火灾。长周期地震动引起的油罐火灾，在 1995 年土耳其的 Kocaeli 市和中国台湾集集地震中也有发生。

东北地区太平洋近海地震中，东京湾的填埋地及利根河和荒河等大河流域的广大范围内发生了地基液化。浦安市等住宅区因地基液化造成大量的房屋下沉和倾斜破坏，排水管道等生命线设施发生了巨大的破坏。东京湾沿岸的石油化工及重工业等地区也发生了地基液化。日本石化基地设施多数建造于东京湾、伊势湾、大阪湾等大都市圈临海区域的填埋地基上。东京湾建设有大小 500 余座高压燃气及储存剧毒物质的罐体。地基液化和液化地基的流动、长周期地震动及海啸将会引起石化基地设施的巨大破坏。油罐引发的火灾如果在大都市圈的临海区域同时发生，将会造成日本前所未有的大灾难。遗憾的是，石化基地设施的地震、海啸对策并不十分完备。

东北地区太平洋近海地震时，除暴露出海啸防波堤等硬件设施的脆弱性以外，还反映了地震发生后，信息收集、紧急救援、救援物质输送及社会系统等软件方面的脆弱性。因此，必须考虑将来可能发生的地震，从硬件、软件两方面对灾害应对的脆弱性进行研究，并采取措施加以防治。

东北地区太平洋近海地震造成的福岛第一核电站事故是非常严重的。2011 年 12 月 16 日，政府发出公告"核反应堆已经达到低温冷却状态"，但仍然存在严重的威胁。作者本人在建设单位工作时就从事过核电站土木结构物的抗震设计，此外，作为核反应堆安全审查委员会委员，对若干座核电站进行了审查。可以说，核能发电是工程技术的综合产物。核能工程集成了地震学、地质学等理科及土木工程、建筑学、机械工程等工科领域的知识和成果。然而，事实上目前的核能工程学仅仅是各学科领域技术的简单堆砌，而不是真正意义上的融合。对核电站整体安全性进行评价时，经常只是各领域统计数据的汇总而已。这次严重事故发生的最大原因是海啸造成外部电源和全部应急电源停止工作，核反应堆冷却机能丧失。如果能从软件方面等进行多重防护，也许可以减小事故的危害程度。

作者自 1966 年大学毕业至今，45 年来一直从事地震防灾领域的研究和应用。在建设单位工作时，对沉埋隧道和地下油罐的地震行为和抗震设计进行了研究。这些研究对地下结构物抗震设计的反应位移法的提出做出了贡献。从建设单位离职后，就职于东海大学海洋学部时，1983 年 5 月日本海发生了中部地震。对秋田县能代市燃气管道破坏情况进行调查时，专门研究了地基液化造成地基数米的水平移动。与此同时，美国在对地基液化造成的地基流动方面，以康纳尔大学 O'Rourke 教授为首进行了研究。日美两国间对液化地基流动开展了共同研究和国际研讨会。共同研究的目的是揭示液化地基流动的发生机理、开发地基位移的预测方法以及开发抑制地基流动的结构物抗震设计方法和措施。遗憾的是，在没有得到充分的研究结果的情况下，1995 年发生了兵库县南部地震，阪神地区的填埋场地因大规模液化地基的流动，造成生命线设施、建筑物及桥梁基础的巨大破坏。

兵库县南部地震后，对土木结构的抗震设计法进行了全面的修订。地震后，土木学会成立了"基本问题研究委员会"，提出了"保证结构物不会完全破坏，从而挽救生命"的结构物抗震设计的基本思想。为实现这一目标，提出了"对两阶段地震动基于性能的设计方法"。该方法是在 1923 年关东地震及兵库县南部地震的抗震设计中采用的地震动（等级 1 的地震动）基础上，保证当神户市及其周边地区活动断层附近发生地震时，不会造成结构物的完全破坏的前提下进行设计的。作者作为"基本问题研究委员会"的委员，参与了第一次到第三次土木学会的建议的提出，并且参加了政府防灾会议的防灾基本规划的修订工作（1995 年）。随后，按照土木学会的建议和防灾基本规划的要求，对铁道结构物、都市燃气、给排水管道等生命线设施的抗震设计法进行了修订。

2011 年东北地区太平洋近海地震、2010 年的智利地震、海地地震等，世界范围内地震灾害不断扩大。此外，因全球气候变化引起的风灾、水灾也在增加，地震灾害、风灾、水灾都是由于防灾基础设施建设的迟缓等硬件方面的脆弱性及风险管理和紧急应对等软件方面的脆弱性引起的。为了减轻世界范围内的自然灾害，从国家到研究者的各个层面都需要加强国际合作。日本在经历了东日本大地震这样悲惨的经历后，积累的经验一定会对减轻世界范围内的自然灾害有所帮助。

为减轻自然灾害，必须进行国家、地方团体和个人的联合。防灾领域的研究者及相关人员必须积极参加上述联合，政府必须对防灾政策提出建议、地方团体必须对区域的防灾规划进行支援、研究人员必须对防灾教育及住宅、地基的安全性诊断做出贡献。

减轻自然灾害，需要地震学、地质学等理科，土木工程、建筑学、机械工程、岩土工程等工科以及社会学、经济学等人文学科，信息科学和医学等众多领域的联合。研究者不应局限于各自的专业领域，不仅在日本，全世界的研究人员需要联合众多的研究领域，积极从事减轻自然灾害，为构建抵御灾害的强大社会体系做出贡献，这也是对东日本大地震牺牲者的告慰。

滨田政则

2012 年 10 月

目 录

第 1 章 近年来的地震灾害及其特点

第 2 章 抗震设计和抗震加固

第 3 章　地基液化及对策

第4章　液化地基的流动及对策

第5章 地下结构物的地震反应特性及抗震设计

第6章 地震、海啸灾害的减轻措施

第1章 近年来的地震灾害及其特点

1.1 世界和日本的地震、海啸灾害

近年来，世界范围内地震和海啸灾害频发。从 1995 年到 2011 年，世界范围内发生了 20 次地震、海啸灾害，共有 78 万多人被夺去了生命[1]，其中死亡、失踪超过 1000 人以上的地震及海啸灾害如图 1.1 所示。在近 10 年内，如 2004 年印度尼西亚苏门答腊地震、海啸（死亡、失踪人数达 229700 人以上），2005 年巴基斯坦北部地震（死亡、失踪人数达 74700

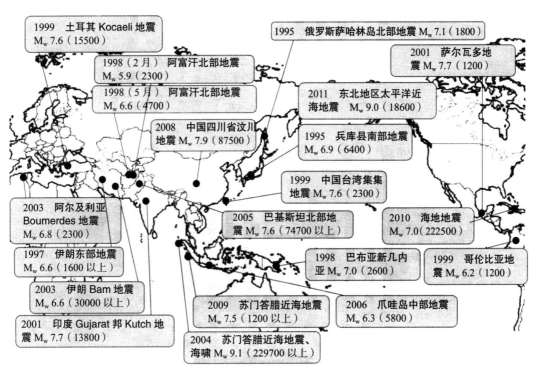

1999 土耳其 Kocaeli 地震 M_w 7.6（15500）

1998（2 月） 阿富汗北部地震 M_w 5.9（2300）

1998（5 月） 阿富汗北部地震 M_w 6.6（4700）

2008 中国四川省汶川地震 M_w 7.9（87500）

2003 阿尔及利亚 Boumerdes 地震 M_w 6.8（2300）

1997 伊朗东部地震 M_w 6.6（1600 以上）

2003 伊朗 Bam 地震 M_w 6.6（30000 以上）

2001 印度 Gujarat 邦 Kutch 地震 M_w 7.7（13800）

1995 俄罗斯萨哈林岛北部地震 M_w 7.1（1800）

2001 萨尔瓦多地震 M_w 7.7（1200）

2011 东北地区太平洋近海地震 M_w 9.0（18600）

1995 兵库县南部地震 M_w 6.9（6400）

1999 中国台湾集集地震 M_w 7.6（2300）

2005 巴基斯坦北部地震 M_w 7.6（74700 以上）

2010 海地地震 M_w 7.0（222500）

1998 巴布亚新几内亚 M_w 7.0（2600）

1999 哥伦比亚地震 M_w 6.2（1200）

2009 苏门答腊近海地震 M_w 7.5（1200 以上）

2006 爪哇岛中部地震 M_w 6.3（5800）

2004 苏门答腊近海地震、海啸 M_w 9.1（229700 以上）

图 1.1 1995 年以后的地震、海啸灾害
（死亡、失踪 1000 人以上的灾害，M_w—矩震级）

人以上），2008 年中国四川省汶川地震（死亡、失踪人数达 87500 人），2010 年海地地震（死亡、失踪人数达 222500 人以上）等，死亡、失踪人数超过 7 万的灾害多发。另外，日本东北地区太平洋近海地震（又称东日本大地震），造成了 18600 人（截止到 2012 年 12 月 5 日）死亡或失踪。从图 1.1 中可以看出，这些地震、海啸灾害多集中在亚洲各国。

从 1946 年到 2010 年的 65 年间，造成 1000 人以上死亡、失踪的地震、海啸灾害发生次数，如图 1.2 所示。由图中可以看出，从 1986 年到 2010 年的 25 年间，灾害急剧增加，并且集中在亚洲地区。这 25 年间地震、海啸灾害频发的原因值得思考。

此外，对这 65 年间世界范围内地震发生的全部次数，分别按矩震级 M_w 6.0 以上和 7.0 以上进行了统计，如图 1.3 所示。由图可知，就地震发生次数而言，发展中国家发生 M_w 7.0 以上地震的次数有减少趋势，但发生 M_w 6.0 以上地震的次数在近 20 年间有所增加。

如图 1.3 所示，地震发生的总次数增加了，但 M_w 7.0 以上的大地震次数有所减少，然而，

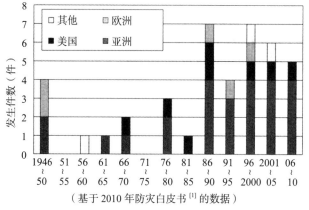

（基于 2010 年防灾白皮书 [1] 的数据）

图 1.2　1946 年以后地震、海啸灾害发生件数
（造成 1000 人以上的死亡、失踪的灾害，每 5 年间的发生件数）

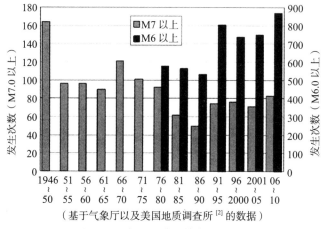

（基于气象厅以及美国地质调查所 [2] 的数据）

图 1.3　世界上地震的发生次数
（矩震级 M_w 6.0 以上及 7.0 以上）

如图 1.2 所示，地震和海啸造成的灾害次数却增加了。图 1.2 和图 1.3 统计结果的差异表明，人类社会应对地震、海啸等自然现象的能力减弱了，其主要原因有：居住在自然灾害脆弱地区的人口增加、城市人口的过度集中、防灾基础设施和预防措施的不完备、灾后救援措施的缺乏等。如日本东北地区太平洋近海地震，在外部荷载条件远超设计值的情况下，突显了防灾减灾措施不完备的问题。

1986 年以后的世界范围内地震、海啸、风灾、水灾、滑坡、泥石流等自然灾害的发生次数和死亡、失踪人数比例，如图 1.4 所示。根据图 1.4（a），造成 1000 人以上死亡、失踪的自然灾害在 1986 ～ 2010 年的 25 年间共发生了 60 次，其中亚洲地区发生了 42 次。另外，根据图 1.4（b），这 25 年间的自然灾害夺走了 120 多万人的生命，其中 3/4 是亚洲人。可以看出，减少亚洲的自然灾害是目前最为迫切需要解决的课题。

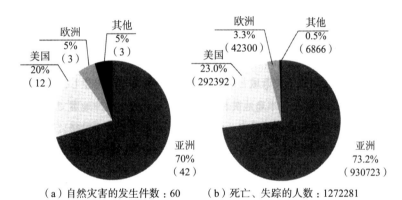

（a）自然灾害的发生件数：60　　　（b）死亡、失踪的人数：1272281
图 1.4　各地区自然灾害的发生件数和死亡、失踪人数的比例（1986 ～ 2011 年）

图 1.5 为 1995 年以后日本地震、海啸灾害的发生情况。其中，1995 年兵库县南部地震（又称阪神大地震）及 2011 年东北地区太平洋近海地震，是过去一个世纪以来，日本继 1923 年关东大地震后发生的最严重灾害。

在兵库县南部地震中，由于内陆断层附近强烈的地震动，造成道路、港湾等社会基础设施和房屋建筑物等破坏，死亡、失踪人数达到了 6434 人（包括地震后因疾病等致死的人数）。此次地震暴露了灾害信息收集及应对迟缓、地震后火灾救援不利、灾后修复重建时难以协调当地居民诉求等各种问题。此后虽然重新完善了地震防灾措施，包括建筑物的抗震设计和抗震加固等。但是，在东北地区太平洋近海地震中再次暴露出灾害信息收集和紧急应对措施不完备等方面的问题。

东北地区太平洋近海地震所引发的海啸造成了空前的灾难。浪高达 14m 的海啸袭卷了从东北地区北部到关东地区的海岸线，很多建筑物被冲走。因地震动、地基液化、斜坡滑塌等造成 129656 栋建筑物完全损坏，266834 栋部分损坏（根据 2012 年 12 月 5 日警察厅的统计数据）。

另外，东京电力福岛第一核能发电站因海啸造成反应堆冷却功能失效，氢气爆炸导致大量放射性物质逸出，从东北地区到关东地区均受到污染。到本书写作时为止，尚未找到妥善

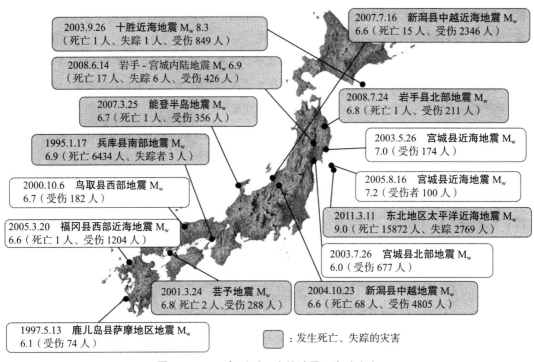

2003.9.26 十胜近海地震 M_w 8.3
（死亡 1 人、失踪 1 人、受伤 849 人）

2007.7.16 新潟县中越近海地震 M_w
6.6（死亡 15 人、受伤 2346 人）

2008.6.14 岩手 - 宫城内陆地震 M_w 6.9
（死亡 17 人、失踪 6 人、受伤 426 人）

2008.7.24 岩手县北部地震 M_w
6.8（死亡 1 人、受伤 211 人）

2007.3.25 能登半岛地震 M_w
6.7（死亡 1 人、受伤 356 人）

2003.5.26 宫城县近海地震 M_w
7.0（受伤 174 人）

1995.1.17 兵库县南部地震 M_w
6.9（死亡 6434 人、失踪者 3 人）

2005.8.16 宫城县近海地震 M_w
7.2（受伤者 100 人）

2000.10.6 鸟取县西部地震 M_w
6.7（受伤 182 人）

2011.3.11 东北地区太平洋近海地震 M_w
9.0（死亡 15872 人、失踪 2769 人）

2005.3.20 福冈县西部近海地震 M_w
6.6（死亡 1 人、受伤 1204 人）

2003.7.26 宫城县北部地震 M_w
6.0（受伤 677 人）

2001.3.24 芸予地震 M_w
6.8（死亡 2 人、受伤 288 人）

2004.10.23 新潟县中越地震 M_w
6.6（死亡 68 人、受伤 4805 人）

1997.5.13 鹿儿岛县萨摩地区地震 M_w
6.1（受伤 74 人）

▨：发生死亡、失踪的灾害

图 1.5 1995 年以后日本的地震、海啸灾害
（发生 15 次，死亡、失踪 22422 人，M_w—矩震级）[2]

处理污染土壤和瓦砾的措施。此外，位于海岸线附近的污水处理厂等生命线设施、公路、铁路设施等也受损严重。

从兵库县南部地震到东北地区太平洋近海地震发生，经历了 16 年的时间，在此期间还发生了其他地震，也出现了许多新的问题。2003 年十胜近海地震中，苫小牧市的储油罐发生火灾，引起了对长周期地震动问题的关注；2004 年以山地为震源的新潟县中越地震，导致斜坡滑塌，形成的堰塞湖淹没了许多村落；此外，2007 年能登半岛地震及新潟中越近海地震，引发地震的活动断层附近建有核能发电站，核能发电站建设前并没有勘察到活动断层的存在。在东京电力柏崎刈羽核能发电站附近发生的新潟县中越近海地震中，除变压器漏油引起的火灾外，还发生了大小 200 余起事故，幸运的是，这次地震没有造成像东北地区太平洋近海地震那样大量放射性物质的逸出。

1.2 世界范围内的地震、海啸灾害

1.2.1 1999 年 土耳其 Kocaeli 地震 [4]

1999 年 8 月 17 日，在土耳其西部的 Kocaeli 省发生了 M_w 7.6（M_w 表示矩震级，下同）的地震。震中位于东经 40º77′、北纬 29º97′，震源深度为 17km。地震导致死亡、失踪人数约 15500 人，受伤人数约 23000 人，完全损坏的房屋约 20000 户，受灾总额达 60 亿美元。

如图 1.6（a）所示，由于非洲板块向东北方向移动及阿拉伯板块向北移动，使得土耳其境内的安纳托利亚板块逆时针方向旋转，并且向西水平移动，形成了东西长约 1000km 的北安纳托利亚断层，Kocaeli 地震是该断层西部区域（从 Duzce 市到 Izmit 市）的右移引发的。该地震中出现了多个地表断层。照片 1.1 为 Arifie 出现的地表断层的情况，该处向右位移量达到 3.6m。

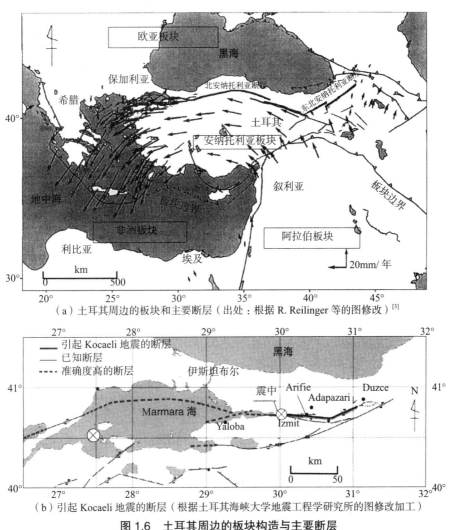

（a）土耳其周边的板块和主要断层（出处：根据 R. Reilinger 等的图修改）[3]

（b）引起 Kocaeli 地震的断层（根据土耳其海峡大学地震工程学研究所的图修改加工）

图 1.6　土耳其周边的板块构造与主要断层

地表断层的位移引起 Arifie 高速公路上架设的跨路桥倒塌。该跨路桥为 4 跨的预应力混凝土简支梁桥。如照片 1.2 所示，桥梁与地表地震断层呈约 70° 的交错，桥跨增大，导致简支梁从桁座脱落。估计附近的地表地震断层向右平移了约 4m。

图 1.7 表示从伊斯坦布尔到震中区域观测到的水平方向地面加速度的最大值。位于地震断层东部的 Duzce 的记录值为 366cm/s²、Adapazari 为 399cm/s²。此外，离震中约 130km 的 Ambarli 为 245cm/s²、伊斯坦布尔机场为 88cm/s²。

照片 1.1　地表地震断层引起断层右移
（1999 年土耳其 Kocaeli 地震，Arifie）

照片 1.2　地表地震断层造成桥梁垮塌
（1999 年土耳其 Kocaeli 地震，Arifie）

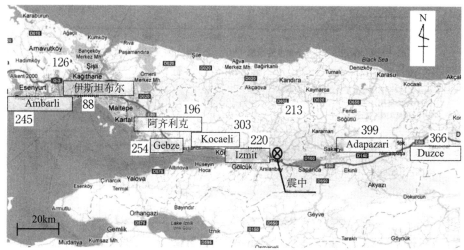

图 1.7　土耳其 Kocaeli 地震的最大加速度分布（单位：cm/s²）
（出处：土耳其地震工学研究所，海峡大学，伊斯坦布尔理工大学）

Tupras 炼油厂位于 Kocaeli 省 Izmit 湾的北岸，年产油 270000m³，占土耳其全年石油总产量的 1/3。如照片 1.3 所示，该炼油厂直径 20 ~ 25m 的 4 个储油罐和直径 10m 的 2 个储油罐发生了火灾并倒塌。上述储油罐均为浮顶式储油罐，由于长周期地震动引起储油罐内液体晃动，直径 20 ~ 25m 的储油罐液体晃动周期大约为 4 ~ 6s，而在 Izmit 观测到的地震动卓越周期位于该数值范围。虽然固定顶储油罐的侧壁上部发生了屈曲，但未造成重大事故。另外，据报道球型储油罐未发生破坏。

沿断层线的 Adapazari 及西部的 Yaloba 的广阔地区发生了地基液化，建筑物及生命线管路受灾严重。其中，Sapanca 湖周边液化地基的流动将在本书"4.1.10　1999 年土耳其 Kocaeli 地震"中详述。Adapazari 地区发生了严重的地基液化，约 1000 栋建筑物倾斜、下沉，有些发生了倒塌，照片 1.4 为地基液化引起建筑物倒塌的情况。

由于地震动的影响，受灾区约 20000 栋以上的建筑物完全损坏，其中大部分是有砌块填充墙的钢筋混凝土结构。建筑物受灾的原因有：（1）5 ~ 8 层的建筑物受灾比较多，

照片 1.3　储油罐内的液体晃动引发炼油厂火灾
（1999 年土耳其 Kocaeli 地震，Tupras 炼油厂）

照片 1.4　地基液化引起建筑物的倒塌
（1999 年土耳其 Kocaeli 地震，Adapazari）

建筑物的固有周期和地震动的卓越周期基本一致；
（2）混凝土的粗骨料有使用海砂等施工质量问题；（3）
一楼柱子的抗剪强度不足；（4）与相邻建筑物的碰撞
及地基液化等。

　　给排水管道和燃气管道与地表地震断层交错，如
照片 1.5 所示，交错处的埋设管道多数发生屈曲破坏。
另外，由于大面积的地基液化，Adapazari 地区埋设管
路受损严重。

照片 1.5　与地表地震断层的交错造成
埋设管的破坏
（1999 年土耳其 Kocaeli 地震，Arifie）

1.2.2　1999 年　中国台湾集集地震[5]

　　1999 年 9 月 21 日，中国台湾中部发生了震级 $M_w7.6$
的地震。震中位于台北西南 150km 的集集地区，该地区位于北纬 23º85′、东经 120º81′，震
源深度约为 6km，地震造成死亡（含失踪）及受伤人数分别为 2300 人、873 人。在南投县
和台中具有 12000 栋以上的建筑物受损，其中约一半是全部损坏。另外，桥梁、大坝、给排
水、燃气等生命线系统及港湾设施受到破坏；山体边坡发生了大规模滑塌，很多村落被掩埋，
导致很多人失去生命。

　　日本土木学会为了调查地震受灾情况，在地震发生 10 天后，向台湾派遣了科学调查小组，
开展了为期一周的调查工作，完成了调查报告[5]，该报告中详细阐明了地震发生的机理、地
震动特性以及各类结构物的受灾情况。

　　如图 1.8 所示，台湾位于欧亚板块和菲律宾板块的交界。菲律宾板块插入欧亚板块的下部，
导致南北方向产生了多数的逆断层。该地震由这些断层之一的车龙埔断层引发，断层的长度
估计有 80km。

　　集集地震时，已有的 500 多个观测点均观测到了地震动。其中，距震中偏西 13.2km 的
观测点，观测到水平方向的地面加速度为 983cm/s^2，垂直方向为 335cm/s^2。图 1.9 为地表东

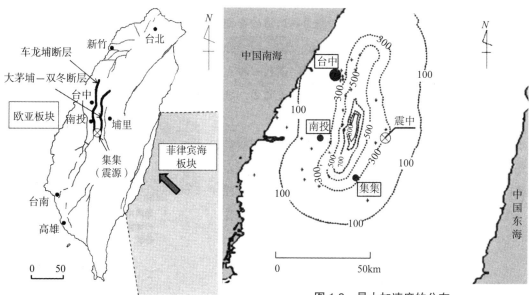

图 1.8　台湾的板块构造和断层

图 1.9　最大加速度的分布
（1999 年中国台湾集集地震，东西方向，单位：cm/s²）

照片 1.6　地表地震引起石冈大坝的破坏（1999 年中国台湾集集地震）

西方向最大加速度的分布情况。东西方向的最大加速度略大于南北方向的加速度，观测到
500cm/s² 以上加速度的地区覆盖了南北方向约 70km，东西方向约 20km 的区域。

集集地震时，很多地点出现了地表地震断层。照片 1.6 为石冈大坝因地表地震断层的垂
直位移而发生破坏的情况。位于台中北部约 15km 的石冈大坝为高 25m、长 357m 的重力式
混凝土坝，为了供水于 1977 年建成。根据台湾水资源局的测定，地震后大坝右岸侧和左岸
侧的隆起量分别约为 11m 和 1m，10m 的垂直位移差导致坝体破坏。照片 1.7 为小学运动场
出现的地表地震断层。

照片 1.7　小学校园里出现的地表地震断层（1999 年中国台湾集集地震）

省际高速公路上的 754 座桥中 10 座倒塌或受损严重，30 座桥梁部分受损。桥梁受损的原因是：（1）地表地震断层引起地基位移和斜坡滑动；（2）震源区强地震动的惯性力。如照片 1.8 所示，桥梁附近出现逆断层，桥梁发生落梁，河中形成跌水。照片 1.9 的一江桥由于断层导致桥墩移动了 4m，桥梁发生落梁。

电力、燃气、给排水等生命线设施多处受灾，主要表现为：（1）变电站等基础设施因地震动受损；（2）埋设管道因地表地震断层受损；（3）输电铁塔因斜坡滑塌受损。照片 1.10 为直径 20.4cm 的燃气管因断层位移而屈曲，照片 1.11 为变电站的空气断路器因地震动而破坏。

集集地震引起台湾中央山脉西侧斜坡多处大规模滑塌，滑塌地区距震中约 60km。照片 1.12 为草岭斜坡滑塌情况，其中清水河两岸的斜坡滑塌，村落被大约 3000000m³ 的砂土埋没。发生滑塌的斜坡多为夹杂卵石的土质边坡。

多数受损建筑物的基础为钢筋混凝土扩展基础。建筑物受损的主要原因有：（1）钢筋混凝土柱的剪切破坏；（2）地基承载力不足引起沉降、倾斜；（3）地表地震断层引起地基变形；（4）施工不良等。照片 1.13 为钢筋混凝土柱剪切破坏造成建筑物受损的情况。

照片 1.8　地表地震断层引起桥梁的破坏和跌水
（1999 年中国台湾集集地震）

照片 1.9　地表地震断层位移造成一江桥的倒塌
（1999 年中国台湾集集地震）

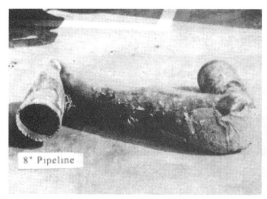

照片 1.10　地表地震断层位移造成燃气管的屈曲
（1999 年中国台湾集集地震）

照片 1.11　地震动和断层位移造成变电站空气断
路器破坏（1999 年中国台湾集集地震）

照片 1.12　草岭发生的大规模斜坡滑塌
（1999 年中国台湾集集地震）

照片 1.13　钢筋混凝土建筑物的破坏
（1999 年中国台湾集集地震）

1.2.3　2001 年　印度 Gujarat 邦 Kutch 地震 [6]

2001 年 1 月 26 日，当地时间上午 8 点 46 分，以印度西部的 Gujarat 邦 Kutch 地区 Bhuji 市的东北约 20km 处为震源，发生了震级 $M_w7.7$ 的地震，如图 1.10 所示。震中位于北纬 23°40′、东经 70°32′，震源深度为 17km。该地域存在着几个逆断层，这些断层为印度、澳大利亚板块插入欧亚板块下部而造成的。该地震是由于图 1.11 中 Kutch Mainland 断层所引起。Gujarat 邦政府的调查数据表明，死亡人数约为 13805 人，受伤人数达到 166000 人以上。全部损坏的房屋约为 370000 栋，部分损坏的房屋约为 922000 栋，受灾总额估计达 21262 亿卢布（约

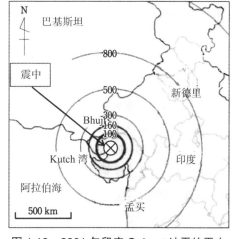

图 1.10　2001 年印度 Gujarat 地震的震中

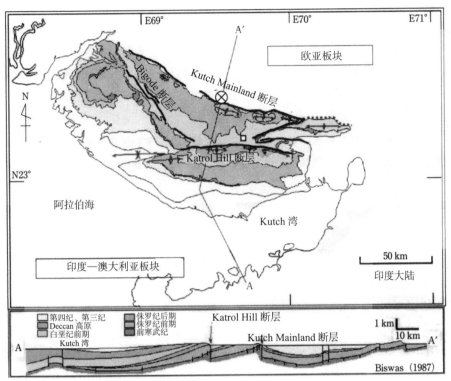

图 1.11　2001 年印度 Gujarat 地震的震源和断层
（出处：根据 Biswas, S. K. 图修改加工）

6000 亿日元）。除房屋受损外，道路、港湾、大坝等土木设施以及电气、供水、通信等生命线管线也受到不同程度损坏。

　　根据日本土木学会的调查，地面未发现明显的断层。然而，如照片 1.14 所示，沿 Kutch Mainland 断层（大致东西方向）的田地中出现了多处地裂缝，可以推断随着断层移动，地基发生了变形。地震发生后，公布的地表面加速度最大值为 110cm/s²，是在距震中约 300km 的 Gujarat 邦首府 Ahmedabad 市内的 9 层建筑物的地下观测点处测得的。

照片 1.14　断层运动引起地基变形
（2001 年印度 Gujarat 邦 Kutch 地震）

　　照片 1.15（a）为距震中约 50km 的 Hadakia 河上架设的桥梁（该桥为钢筋混凝土桥，全长 1171.4m）。由于地基发生液化，并向河中心移动，导致桥墩位移。附近的河床如照片 1.15（b）所示，出现了多处喷砂，并伴随地裂缝。

　　震源地区有许多用于灌溉的土坝，这些土坝发生了滑坡破坏。照片 1.16（a）为 Changi 坝的受灾情况。该土坝高约 15m，坝顶迎水坡发生了滑动，坝顶大幅度沉降。如照片 1.16（b）

（a）桥墩的移动　　　　　　　　　　（b）桥梁附近的地基液化和地裂缝

照片 1.15　地基液化引起桥墩的移动（2001 年印度 Gujarat 邦 Kutch 地震，Hadakia 桥）

（a）滑动引起土坝坝顶较大的沉降　　　　　（b）土坝上游侧坝坡脚附近的喷砂

照片 1.16　土坝的破坏和坝坡脚附近的喷砂（2001 年印度 Gujarat 邦 Kutch 地震，Changi 大坝）

所示，迎水面坡脚附近出现液化，引起喷砂及地裂缝。据推测，土坝建设时残留的河床堆积物发生了液化，导致坝体整体滑动。

在日本，建设年代较早的土坝，多数也存在未挖除容易发生液化的河床堆积物而直接建设坝体的情况。此外，在大城市周边，蓄水土坝周边区域也有作为住宅地开发的情况，这是地震防灾研究中必须重视的问题。印度 Gujarat 邦 Kutch 地震时，由于土坝处于枯水期，水位较低，没有发生洪水等次生灾害。

全部损坏的 37 万栋房屋中，大部分都是土坯房。在亚洲、非洲等地的发展中国家，当地震发生时，这些没有采取抗震措施的房屋倒塌，使很多人失去了生命。虽然提出了低成本的有效提高抗震性的施工方法，但因受当地经济条件的制约而未大范围普及。

底层架空形式构造的建筑物多数受损。如照片 1.17 所示，在首府 Ahmedabad 市出现了很多底层架空形式构造的中低层钢筋混凝土建筑物受损。究其原因是该地区地

照片 1.17　底层架空形式钢筋混凝土建筑物的破坏
（2001 年 Gujarat 邦 Kutch 地震，Ahmedabad）

基由厚堆积物构成，地震动被大幅放大，且地震动的卓越周期和结构物的固有周期相近。此次地震中，发电、输电、石油加工以及港湾设施等也发生了不同程度的破坏。

1.2.4　2003 年　阿尔及利亚 Boumerdes 地震[8]

2003 年 5 月 21 日，以阿尔及利亚北部的 Boumerdes 市为震中，发生了震级 M_w 7.7 的地震。震中距首都 Alger 市东部 70km，位于北纬 36º8′、东经 3º71′，震源深度约为 10km。

该地区为欧亚板块和非洲板块的交界处，如图 1.12 所示，欧亚板块以每年 4 ~ 6mm 的速度向南 ~ 西南方向移动。据推测，Boumerdes 地震是由从 Boumerdes 近海到 Dellys 近海（图 1.13）的海底逆断层引发的，断层长约 40km。

Boumerdes 地震造成 2266 人死亡，受伤 11450 人，建筑物全部损坏或部分损坏合计约 96000 栋。

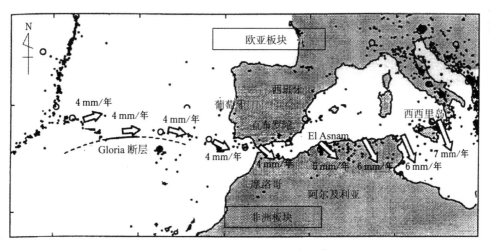

图 1.12　北非周边的板块构造

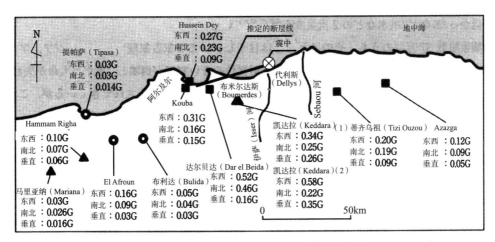

图 1.13　2003 年阿尔及利亚 Boumerdes 地震的最大加速度（G: 980cm/s²）

图 1.13 为该地震引发的地表最大加速度。距震中 27km 的 Darel Beida，观测到的最大加速度沿东西、南北、垂直方向分别为 510cm/s²、451cm/s²、157cm/s²。

该地震导致 Alger 市东部的 Isser 河及 Sebaou 河流域发生了地基液化。架设在 Isser 河上的桥梁为长 454m、13 跨的简支桥，由于地基的侧向流动，如照片 1.18（a）所示，导致桥墩基础向河中心方向移动了约 50cm，但未造成落梁。桥墩附近的河床如照片 1.18（b）所示，地基流动造成了地裂缝、错台。

受地震的影响，该地区 96000 栋的建筑物受损，其中约 10%（10000 栋）的建筑物倒塌。建筑物受损的原因有：（1）柱、梁结合部的强度不足；（2）柱的抗剪强度不足；（3）砌块填充墙的倒塌等。

向河中心移动后的桥墩

（a）桥墩的移动

（b）流动引起河道的地裂缝

照片 1.18   液化地基流动引起桥墩的移动（2003 年阿尔及利亚 Boumerdes 地震，Isser 河桥梁）

1.2.5   2004 年　印度尼西亚苏门答腊地震、海啸

2004 年 12 月 26 日，以印度尼西亚苏门答腊（Sumatra）岛西北部海底为震源，发生了震级 M_w 9.1 的巨大地震。如图 1.14 所示，在印度—澳大利亚板块和欧亚板块的交界处，从苏门答腊岛西北部海域到马来半岛上的 Andaman and Nicobar 群岛，约 1000km 以上的板块边界遭到破坏。该地区位于印度—澳大利亚板块，印度—澳大利亚板块以每年 50 ~ 60mm 的速度插入欧亚板块下部。如图所示，震级 8 到 9 的地震多次发生。苏门答腊地震的震中位于北纬 3º3′、东经 94º3′，震源深度约为 30km[9]。

该地震引发印度洋沿岸 13 个国家发生了最大超过 20m 的海啸，死亡、失踪人数约 229700 人以上，是人类历史上罕见的自然灾害。图 1.15 为印度洋沿岸各国的死亡及失踪人数。位于苏门答腊岛北部的 Banda Ache 地区的海啸浪高超过 10m，造成北部海岸线约 2km 以内

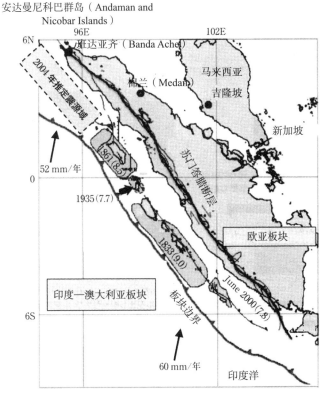

图 1.14　苏门答腊周边的板块构造和断层

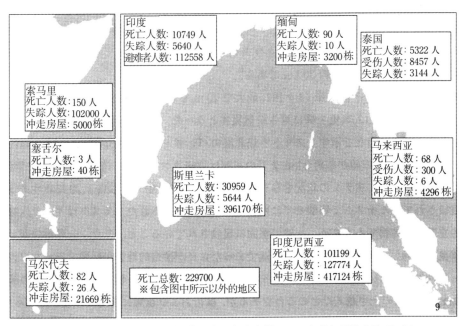

图 1.15　印度洋沿岸各国的死亡、失踪人数（2004 年苏门答腊地震、海啸）

照片 1.19　海啸后的班达亚齐（Banda Ache）市
（2004 年苏门答腊地震、海啸）

照片 1.20　经受海啸后的清真寺
（2004 年苏门答腊地震、海啸，班达亚齐）

（a）混凝土的桥桁架　　　　（b）阻止晃动的混凝土挡块

照片 1.21　经受海啸后的混凝土桥梁（2004 年苏门答腊地震、海啸，班达亚齐）

包括钢筋混凝土结构的房屋破坏并被冲走。照片 1.19 为海啸后的 Banda Ache。其中，建在海岸线附近的清真寺没有倒塌而保存下来，如照片 1.20 所示，由于清真寺是伊斯兰社会中最重要的建筑物，一般建造得比较坚固，另外，一层部分为底层架空形式、海啸通过时推力较小。照片 1.21 为 Banda Ache 市内架设的混凝土桥。根据市民的描述，海啸从桥上越过，但未发现桥面板及桥墩的损坏。如照片 1.21（b）所示，为了防止地震引起梁体的横移，在桥座上设置了混凝土挡块，推测该挡块抵抗了海啸的水平力。

　　作者受联合国 Ache 事务所的委托，为重建从 Banda Ache 至 Meulaboh 约 150km 的苏门答腊西海岸道路开展了调查工作。航拍结果表明，整个西海岸道路区间约 80 座桥发生了落梁，多数为钢桁架桥，如照片 1.22 所示。此外，多数桥梁桥台背后的填土被冲刷或冲走，建造于软弱地基上的道路也受到海啸冲刷。

照片 1.22　因海啸冲走的钢桁架桥
（2004 年苏门答腊地震、海啸）

约 300m

海啸造成的漂浮、移动

照片 1.23　因海啸漂浮、冲走的储油罐
（2004 年苏门答腊地震、海啸）

Banda Ache 市东部 25km 的 Krueng Raya 港石油基地的 9 个储油罐中，内部容量较少的 3 个罐体因浪高 3 ~ 5m 的海啸，发生了上浮，如照片 1.23 所示，最多移动了约 300m。Banda Ache 西部的水泥工厂的 3 个罐体全部上浮并被冲走。

关于西海岸道路的重建，包括作者在内的调查小组向联合国 Ache 事务所和印度尼西亚政府，提出了以下针对海啸的建议：

（1）考虑海啸外力的桥梁设计（推行带有剪切键的混凝土桥梁）

（2）软弱地基的改良（防止海啸引起路基冲刷）

（3）通过红树的栽植减轻海啸的推力

（4）苏门答腊西海岸道路中重要道路复线规划

（5）通过山区的新路线规划及边坡治理措施

其中，沿海岸线种植红树得到了日本公益财团法人 OISCA 等的支援。东北地区太平洋近海地震时也报道了海岸线的防风林有减弱海啸推力的效果。对这些植树造林效果的详细调查有助于未来应对海啸。

1.2.6　2005 年　巴基斯坦北部地震 [10]

2005 年 8 月 8 日，巴基斯坦和印度交界的克什米尔地区发生了震级 M_w 7.6 的地震。震中为北纬 34º4′、东经 73º5′，震源深度为 12km。克什米尔的巴基斯坦州和印度州共计死亡人数超过 74700 人。如图 1.16 所示，该地震发生在插入欧亚板块下面的印度—澳大利亚板块边界附近。如图所示，地震发生区域存在 MCT、BBF 等多个活动断层 [11]。在距震中 10km 的 Abbottabad 市 2 层建筑物的地下室观测到水平加速度的最大值为 230cm/s^2。

在巴基斯坦克什米尔的省会 Muzaffarabad 及离震中最近的 Balakot 地区，发生了房屋的倒塌及大规模斜坡滑塌引起的道路破坏。因为震源在山区，强地震动引起很多斜坡发生了滑塌。斜坡滑塌集中发生在逆断层的上盘侧，滑塌的种类大致分为：（1）砂土斜坡的滑动；（2）风化岩体的表层滑动；（3）岩体的剪切破坏及倾倒破坏，相关代表性事例如照片 1.24 所示。

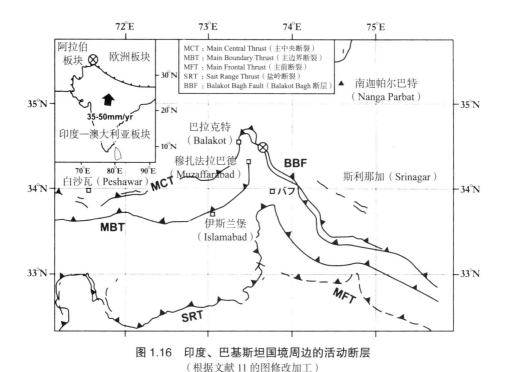

图 1.16　印度、巴基斯坦国境周边的活动断层
（根据文献 11 的图修改加工）

| （a）斜坡的滑动 | （b）风化岩体的表层滑动 | （c）倾倒型滑坡 |

照片 1.24　斜坡滑塌（2005 年巴基斯坦北部地震）

1.2.7　2008 年　中国四川省汶川地震 [12]

　　2008 年 5 月 12 日，位于中国内陆的四川盆地和青藏高原边界的龙门山断层带中部发生了震级 M_w 7.9 级的地震。根据中国地震局数据，震中位于四川省汶川县映秀镇附近（北纬 31°0′、东经 103°4′），震源深度为 14km。如图 1.17 所示，汶川地震是由龙门山断裂带中部的 2 个断层，即灌县—江油断层、北川—映秀断层的连续破坏而引发的。经推测，断层破裂的总长度为 300km 以上，是世界上最大的内陆地震。根据中国政府公布的数据，死亡 69227 人，失踪 17923 人，受伤 373643 人，倒塌房屋 530 万栋以上，直接经济损失达 8451 亿人民币。

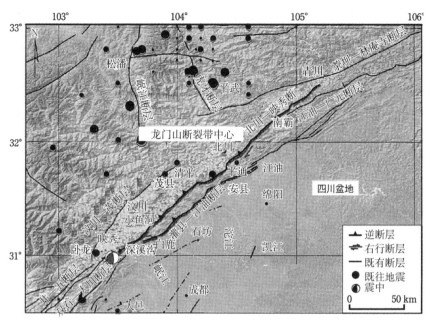

图 1.17　引发 2008 年汶川地震的两个地震（根据徐[13]等的原图修改）

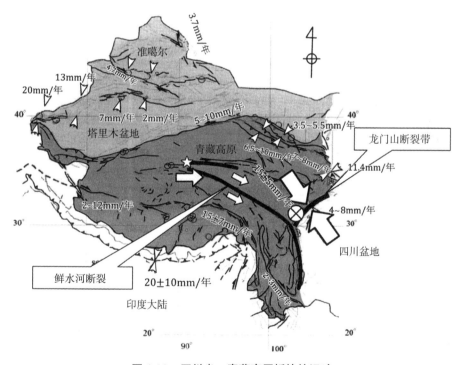

图 1.18　四川省，青藏高原板块的运动

　　根据近年来 GPS 的测定结果，如图 1.18 所示，印度大陆以每年 20±10mm 的速度北上，向上推动青藏高原。因此，青藏高原在向东旋转的同时，以每年最大约 15±7mm 的速度向四川盆地移动。

汶川地震时，在北川—映秀断层 240km、灌县—江油断层 72km 以及连接这两个断层长 6km（小渔洞断层）处出现了地表地震断层。其中，沿北川—映秀断层，虹口和清平之间的最大垂直位移 6.2m，另外，观测到清平附近有 5.3m 的最大水平位移。照片 1.25 为白鹿中心学校出现的地震地表断层情况，尽管校舍与断层极为接近但未发生倒塌，但是，这个断层延长线上的村落受到了毁灭性的破坏。

照片 1.25　白鹿中心学校出现的地表地震断层
（2008 年汶川地震）

图 1.19 为中国地震局发布的地震烈度分布情况。最大烈度为 XI（相当于日本气象厅烈度 7），是中国观测历史上的最大烈度。烈度 VI（气象厅烈度 5）以上的地区不仅包括四川省，还波及西北、东北方向的甘肃省和陕西省，达 44 万 km^2。汶川大地震观测到的地震最大加速度值为卧龙观测点，E_W 分量为 957.7cm/s^2，如图 1.20 所示。卧龙观测点的地震纪录，垂直、水平两方向都明显由两部分构成，它对应了前述的灌县—江油以及北川—映秀 2 个断层的连续破坏。

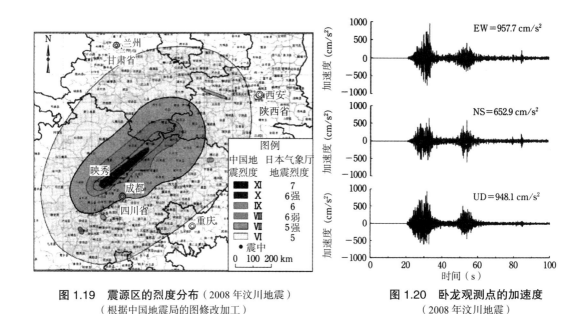

图 1.19　震源区的烈度分布（2008 年汶川地震）
（根据中国地震局的图修改加工）

图 1.20　卧龙观测点的加速度
（2008 年汶川地震）

在震源附近，由于强烈的地震动，大量的结构物受损，受损情况如表 1.1 所示。破坏集中发生于震源区域及其相邻的 10 个县（市）（汶川、北川、绵竹、什方、青川、茂县、安县、都江堰、平武、彭州）。陡峭的地形和山区风化的地表，造成了大规模的滑坡，形成了很多

建筑物及土木结构物的破坏（2008 年汶川地震）　　　　　　表 1.1

建筑（F—框架，M—砖）		受灾率（%）	倒塌率（%）
烈度Ⅸ以上 （气象厅烈度 6 以上）	F	86.9	28.2
	M	99.5	29.3
烈度Ⅷ （气象厅烈度 6 弱）	F	68.6	3.8
	M	75.7	10.8
烈度Ⅶ（气象厅烈度 5 强）	F	17.7	0.3
	M	45.3	3.0
烈度Ⅵ （气象厅烈度 5）	F	7.7	0.0
	M	17.5	0.9

土木结构物		总数	受灾数量	受灾率（%）	倒塌、重大破坏数量	倒塌、重大破坏率（%）
桥梁	高速公路	607	576	94.9	69	11.4
	国道	1163	1081	92.9	191	16.4
	合计	1770	1659	93.6	260	14.7
隧道	高速公路	23	14	60.9	8	34.8
	国道	28	17	60.7	3	10.7
	合计	51	31	60.8	11	21.6
大坝	四川省	6678	1996	29.9	69	1.0
	陕西省	1036	126	12.2	0	0.0
	甘肃省	297	81	27.3	0	0.0
	其他	27590	463	1.7	0	0.0
	合计	35601	2666	7.5	69	0.2

的堰塞湖。其中，照片 1.26 为岷江流域的唐家山发生的最大堰塞湖，估计滑塌土方量为 2040 万 m³。

　　根据对震源地区及其相邻的都江堰市、绵竹市汉旺镇钢筋混凝土建筑物损坏情况的调查，建筑物受损的主要原因包括：（1）柱的剪切破坏；（2）柱、梁结合部的破坏；（3）柱之间砖墙的倒塌；（4）地基变形。照片 1.27 为（1）、（2）引起建筑物破坏的情况。

照片 1.26　斜坡滑塌造成堰塞湖（2008 年汶川地震）
（出处：中国科学院成都山地灾害与环境研究所 / 张小刚）

　　四川省内高速公路 7 号线、国道 5 号线以及省道 10 号线，总长 3391km 的公路受到破坏。受损公路大部分位于山区，建有很多桥梁、隧道，沿线还存在大量不稳定斜坡。由于震源区的强烈地震动及地表地震断层造成

（a）柱的剪切破坏　　　　　　　　　　　（b）柱、梁接合部的破坏

照片 1.27　建筑物的破坏（2008 年汶川地震）

（a）混凝土防渗墙　　　　　　　　　　　（b）混凝土防渗墙的损坏

照片 1.28　紫坪铺大坝（2008 年汶川地震，混凝土饰面，坝高 156m）

的地基位移，桥梁、隧道受损严重。公路沿线的大范围内发生了斜坡滑塌。特别是施工中的都汶公路（连接都江堰—映秀—汶川，总长 83km）的多处桥梁、隧道、斜坡严重受损。映秀—汶川间的 43 座桥梁中的 22 座受损，斜坡滑塌造成 9000m³ 的砂土堆积在道路上，且包含数米的巨型岩块，给修复作业带来极大困难。隧道破坏，主要有：（1）洞口附近的斜坡滑塌；（2）衬砌混凝土拱顶的压缩破坏；（3）侧壁的剪切破坏以及拱底隆起等。

四川省内有 6678 座水坝，汶川地震造成约 3 成的 1996 座水坝受损。照片 1.28 为岷江上的紫坪铺水坝，位于北川—映秀断层的下盘侧和灌县—江油断层的上盘侧之间。坝高 156m、坝长 664m，是座储水量 11 亿 m³、发电量 76 万 kW 的多功能混凝土面板堆石坝。

地震导致坝体的变形、施工缝的偏移及防渗混凝土板的开裂，坝顶的最大沉降量约为 100cm，最大水平位移量（下流方向）为 20cm，大坝轴向的位移为 22cm。

斜坡崩塌 3619 处，滑坡 5899 处，泥石流 1054 处，滑塌的土方高 10m 以上，造成四川省内 34 处的容量 10 万 m^3 以上、蓄水面积 20km^2 以上的大规模堰塞湖。造成 30 人以上死亡的山体滑坡有 23 处，斜坡破坏造成的死亡人数达 2 万，约占此次地震死亡人数的 30%。

照片 1.29 为距震中约 250km 的青川县发生的大规模东河口滑坡。从 550m 高的山顶部数百立方米的石灰岩瞬间滑落，移动了数公里，埋没了 4 个村落。高速移动的泥石流越过对岸形成了 2 个堰塞湖。

照片 1.29　大规模斜坡滑塌造成村庄被掩埋
（2008 年汶川地震，东河口）

1.3　日本的地震、海啸灾害

1.3.1　1993 年　北海道西南近海地震[14-16]

1993 年 7 月 12 日，以北海道渡岛半岛近海为震源，发生了震级 M_w 7.7（气象厅震级 M_J 7.8，下同）的地震，震中位于北纬 42º47′、东经 139º12′，震源深度为 34km。如图 1.21 所示，在小樽、寿都、江差、深浦的烈度为 5，其他区域的烈度为 4。距震中约 78km 的渡岛半岛的寿都观测到地表最大水平加速度为 216cm/s^2。

该地震引发的海啸袭击了以奥尻岛为首的北海道西岸。根据日本消防厅的统计，死亡 203 人，失踪 28 人。海啸袭击后，奥尻岛发生了火灾，使灾害进一步扩大。

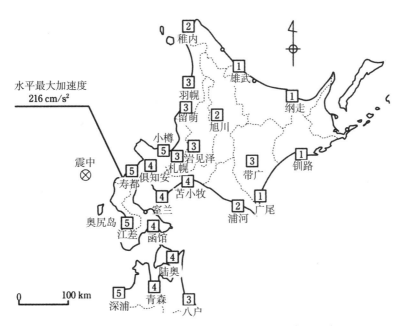

图 1.21　1993 年北海道西南近海地震的震中和烈度

图 1.22 为奥尻岛海啸的浪高及死亡、失踪人数。由图可知，岛西南地区的藻内海啸最大浪高为 29m。照片 1.30 为海啸袭击前后，岛最南端青苗地区的航空照片。根据居民的描述，地震发生 4～5 分钟后，海啸从西侧（照片左侧）袭来，横穿海角从东侧出去。

多数居民从事渔业，居住在沿海岸的洼地。地震发生后，很短时间内海啸就到达了奥尻岛，没有充分的避难时间。另外，因海啸来袭时间在晚上 10 点后，给居民的避难带来困难。

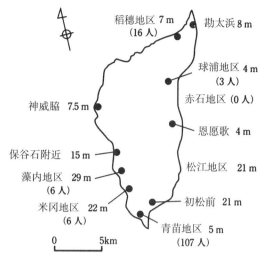

图 1.22　奥尻岛上海啸的爬升高度
（1993 年北海道西南近海地震）（括号内数字为死亡、失踪人数）

 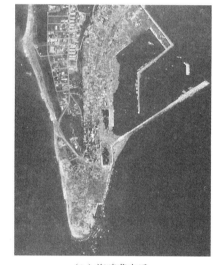

（a）海啸袭来前　　　　　　　　（b）海啸袭来后
照片 1.30　奥尻岛青苗地区海啸警报前后的航拍照片
（1993 年北海道西南近海地震）

地震造成从渡岛半岛的日本海到函馆的广阔地区发生大规模的地基液化，公路、港湾、房屋、生命线等多处受灾。特别是在流经北桧山町的后志利别河流域的冲积洼地发生了强烈的地基液化，液化地基产生了 2m 的侧向流动。关于该侧向流动，将在本书 4.1.6 节中详述。

海啸中受灾最严重的是奥尻岛，灾后在防潮堤后填筑了 3～5m 高的填土作为住宅地。另外，将非住宅地的海岸附近地区整修成公园，居民集体向高处移居。地震后在奥尻岛的海岸线建设了避难用的露台，如照片 1.31 所示。该露台为地震发生及海啸警报发出后海岸附近居民避难的设施。

　　由于北海道西南近海地震，在烈度为 4 的函馆的港湾地区，地基液化造成护岸的倾斜、移动，护岸背后的码头前部沉降，如照片 1.32 所示。其中，利用挤密砂桩法（参照 3.3.1 地基的液化对策），实施了防液化措施的西埠头码头虽然出现了错台，但没有发生喷砂和地表裂缝。

照片 1.31　地震后建设的海啸避难用露台　　　照片 1.32　板桩式护岸的移动和倾斜
（1993 年北海道西南近海地震，函馆港）

1.3.2　1993 年　钏路近海地震 [17]

　　1993 年 1 月 15 日，以钏路市近海 13km 的海底为震源，发生了 M_w 7.6（M_J 7.5）的地震。震中位于北纬 42°51′、东经 144°23′，震源深度为 107km。地震由板块内的活动断层引发。根据钏路市的受灾统计，死亡为 2 人、重轻伤 478 人、全部损坏房屋 6 栋、部分损坏房屋 1538 栋。

　　图 1.23 为各地的烈度和港湾地区的最大加速度。钏路的烈度为 6。在钏路港以及十胜港观测到的地表最大加速度分别为 468cm/s²、406cm/s²。此外，距震中 16km 的钏路气象台建筑物 1 楼观测到的最大水平加速度为 920cm/s²。

　　该地震造成地基液化，引起窨井上浮及人工填土等的震陷。特别在钏路市，窨井最大上浮 1.5m，如照片 1.33 所示，主要原因是窨井周围回填土使用了砂土且地下水位较高。

　　虽然在钏路港，地基液化造成了码头前部的开裂、错台、塌陷等，但根据井合等人的调查，实施了挤密砂桩法等防液化措施的码头受灾轻微 [18]。以日本海中部地震时港湾的受灾为教训，钏路港的护岸依次实施了防液化措施，这些措施的有效性在该地震中得到了验证。

　　因为钏路近海地震发生在 1 月，地表下方有 1m 的冻土。冻土抑制了地震引起的地基变形，减轻了埋设管道和建筑物的破坏。此外，如照片 1.34 所示，在钏路市的丘陵住宅用地因斜坡滑动，多处住宅受损。

　　虽然钏路气象台观测到的最大加速度为 920cm/s²，远远超过了结构物设计时假定的地震强度，但是建筑物、港湾、道路、铁路以及生命线设施受损较轻。上述情况使人误认为日本结构物抗震性能已经达到非常高的水平，但两年后的 1995 年兵库县南部地震让人深切地认识到事实并非如此。

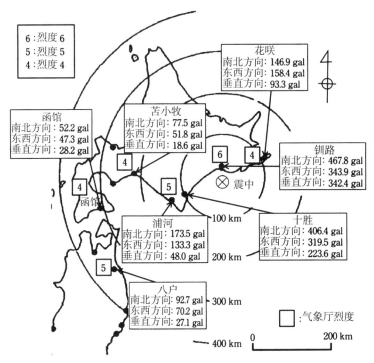

图 1.23　1993 年钏路近海地震时各地的最大
加速度和烈度（gal:cm/s²）

照片 1.33　地基液化引起窨井的上浮
（1993 年钏路近海地震，钏路市）

照片 1.34　斜坡滑塌造成住宅的破坏
（1993 年钏路近海地震，钏路市）

1.3.3　1995 年　兵库县南部地震（阪神大地震）[19, 20]

1995 年 1 月 17 日，以兵库县明石海峡为震源，发生了 M_w 6.9（M_J 7.3）的地震，从神户市到西宫市的宽 1km、长 20km 的带状地区第一次观测到了日本的最高地震烈度 7。震中位于北纬 34º35.7′、东经 135º02′，震源深度为 16km。根据关口等关于地震动观测记录的分析，地震是由多处活动断层引起的，如图 1.24 所示 [21]。除烈度 7 的地区以外，如图 1.25 所示，大阪市烈度为 6，京都市、丰冈、颜根市等广大地区烈度为 5。

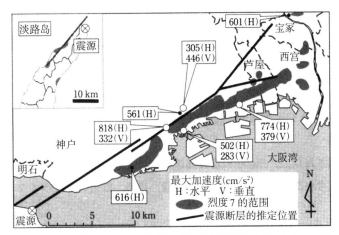

图 1.24　引发 1995 年兵库县南部地震的断层和烈度 7 的范围
（震源断层依据关口[20]等的图修改）

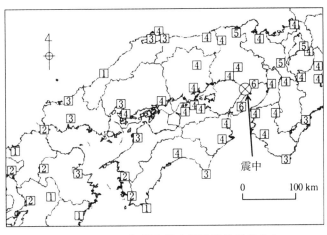

图 1.25　1995 年兵库县南部地震的烈度分布

兵库县南部地震时，获得了震源附近多处的地震记录。其中，神户海洋气象台在地表观测到的水平方向加速度时程和加速度反应谱如图 1.26 所示。最大加速度在南北方向达 820cm/s²。根据图 1.26（b）的加速度反应谱，地震动包含了 0.7 ~ 1.0s 的长周期地震动成分，这是各种结构物破坏的主要原因。

此次地震造成死亡 6434 人，受伤 43792 人（消防厅，2006 年 5 月），全部损坏住宅（包括烧毁房屋）为 104906 栋。

兵库县南部地震后，提出了涉及社会基础设施、建筑物、产业设施的抗震性及社会的地震防灾性等多个方面的研究课题。

值得指出的是，兵库县南部地震是由长约 40km 的内陆断层引起。位于该断层 5 ~ 10km 以内的大都市圈遭受到了强烈的地震动，很多建筑物、设施等遭到了破坏。如图 1.26（b）的反应谱所示，在神户市观测到在 0.3 ~ 0.8s 的周期范围内，水平加速度的响应值最大达到

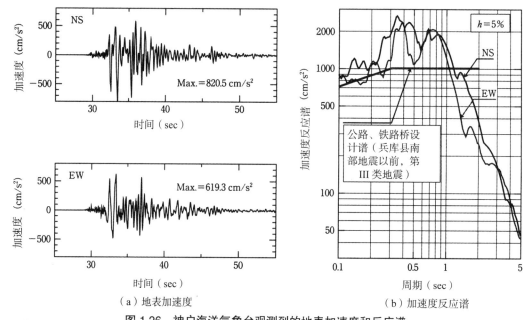

（a）地表加速度　　　　　　　　　　　（b）加速度反应谱

图 1.26　神户海洋气象台观测到的地表加速度和反应谱

了 2000cm/s²，该数值远超考虑道路、桥梁及铁路设施塑形变形的抗震设计时所采用的第Ⅲ类地基的 1000cm/s²。

由于强烈的地震动，建筑物以及公路、铁路、地铁、港湾以及电力、燃气、给排水管道等设施遭受了前所未有的破坏，如照片 1.35 所示。

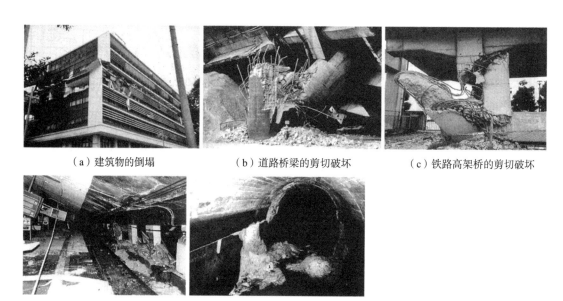

（a）建筑物的倒塌　　　（b）道路桥梁的剪切破坏　　　（c）铁路高架桥的剪切破坏

（d）地铁中柱的剪切破坏　　　（e）山岭水工隧道的破坏

照片 1.35　铁路、公路、港湾、地铁的破坏情况
（1995 年兵库县南部地震）

以临海填埋地基为中心,发生了地基液化及流动,造成了护岸及生命线设施的极大破坏。特别是电力、给排水管道等生命线管网、净水厂和发电站等由于地基液化遭受了破坏。生命线管网的功能损坏和修复所需要的时间,如表 1.2 所示。由该表可知,停水、停气、停电的户数分别约为 127 万、86 万、260 万,通讯中断户数达到了 28 万。另外,修复也需要很长时间,给水管 70 天、排水管约 140 天、电力 6 天、通信 14 天、燃气 54 天。交通设施及生命线设施的受损影响了城市的正常运转。

1995 年兵库县南部地震时生命线工程的破坏和修复天数　　　　　表 1.2

	功能障碍	修复天数
给水管道	1265000（停水户数）	70 日
排水管道	198km（管渠破坏长度）	管　渠　140 日 泵　站　24 日 处理场　100 日 （东滩污水处理场　5 个月）
电　　力	2600000（停电户数）	6 日
通　　信	285000（不通线路数）	14 日
城市燃气	857000（供给停止户数）	54 日

地震后发生的火灾使灾害进一步扩大。261 处建筑物起火,烧坏面积达 83 万 km^2。虽然有人认为建筑物火灾的直接原因是电力供给恢复后的通电火灾,但是实际的起火原因尚不明确。如后所述,石化联合基地没有发生石油等泄漏事故、避免了火灾的发生,从而抑制了灾害的扩大。

兵库县南部地震时,受灾信息收集和紧急应对迟缓。地震发生后数小时,受灾地内的信息只能通过媒体的报道和自卫队飞机的空中侦查,全体灾情把握的迟缓,导致政府的应对也陷于被动。

另外,地震后的修复和重建过程中,交通障碍造成了紧急物资、人员运送的延迟,影响了受损建造物的现场清理、避难场所的设置、简易住宅等支援活动。此外,受灾区重建时,居民意见的统一花费了很多的劳力和时间。

以上是兵库南部地震造成的受灾情况及由此提出的研究课题。当然也有幸免受灾的情况,如运行中的车辆脱轨引起的灾害。地震发生时间为早上 5 点 46 分,大部分铁路、车辆都是停止运行的。根据铁道综合技术研究所的统计 [22],地震烈度 7 的地区虽然 9 趟列车都是停运状态,但其中 8 趟列车发生了脱轨,如图 1.27 所示。

此外,还存在着许多其他安全隐患,例如,处于填埋区的危险物设施和高压燃气储槽设施的破坏及由此引发的火灾。如照片 1.36 所示,神户地区的埋填地基发生液化和侧向流动,导致众多危险物储罐发生倾斜、移动,所幸的是未发生倒塌,其主要原因是主地震动持续时间是 10 ~ 15s。如果地震动持续时间为几十秒到一分钟的话,照片所示的储罐将会大幅倾

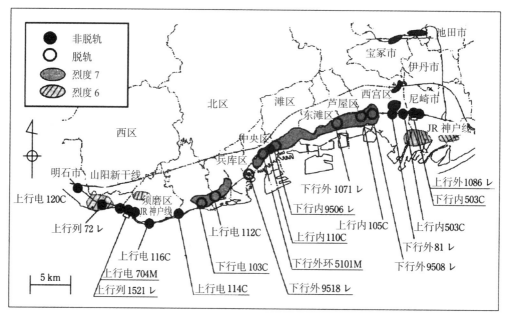

图 1.27　1995 年兵库县南部地震引起的铁路脱轨（出处：铁路综合技术研究所的图 [22]）

直至倒塌；如果储存的液体大量溢出的话，将有
导致大规模火灾的可能性。因此，今后必须提高
大都市圈海湾沿岸石化基地的抗震能力。

　　1995 年兵库县南部地震造成的巨大破坏远
远超过地震防灾领域的研究人员和技术人员的预
想。兵库县南部地震发生前一年，1994 年美国
的加利福尼亚州发生了北岭地震，很多住宅、高
速公路遭到破坏。日本调查团通过媒体，表达了
"日本的结构物抗震性能优越，在日本将不会发
生类似美国的灾害"。但是，兵库县南部地震的
发生，表明断层附近的强烈地震动将会造成众多
社会基础设施的巨大破坏，这在以往的抗震设计
中没有被考虑到。

照片 1.36　储油罐的倾斜和沉降
（1995 年兵库县南部地震）

1.3.4　2003 年　十胜近海地震 [23]

　　2003 年 9 月 26 日，北海道的十胜近海发生了 M_w 8.3（M_J 8.0）的地震，如图 1.28 所示，
十胜地区的 9 个村落发生了烈度 6 弱（图中表示为 6–）的地震动。震中位于北纬 41°46′、
东经 144.2°64′，震源深度为 42km。该地震是由于太平洋板块插入北美板块，并在其交
界处发生的，推测震源位于太平洋板块上部，深度约 25km。

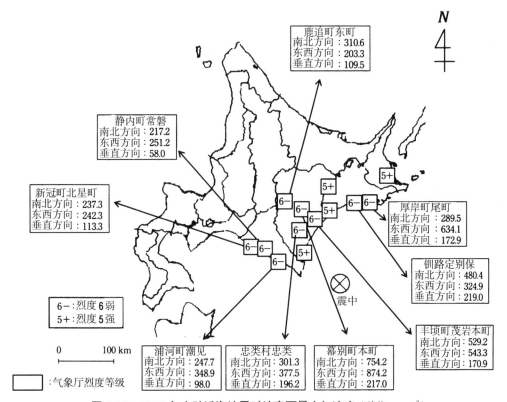

图 1.28　2003 年十胜近海地震时地表面最大加速度（单位：cm/s^2）

　　如图 1.28 所示，从新冠到原岸的广大地区的地震烈度为 6 弱。根据 K-NET 的各地地表加速度，距该震中 150km 以上的幕别町观测到的为 874cm/s^2。

　　该地震造成从札幌到钏路的广阔范围的地基液化，港湾设施、填土、生命线设施及住宅等受损。如照片 1.37 所示，距震中 300km 的札幌市清田区的住宅地发生了地基液化，因住宅地基是改造丘陵后建成的，填土部分发生了液化。

　　从函馆到根室的海岸观测到了海啸。图 1.29 为气象厅在观测站调查得到的海啸高度，在厚岸湾末广以及襟裳岬百人浜，海面最大上升量达 4m。

　　该地震造成死亡、失踪 2 人。从石守到根室受伤人数为 840 人，约 1250 栋的建筑物全部或部分损坏。此外，河川堤防、铁路填土、桥梁、生命线设施及原油储油罐等也受损。

　　如照片 1.38 所示，在苫小牧市炼油厂，直径 42m 的原油和轻油储油罐起火，这是由于长周期地震动引起浮顶式油罐内液体晃动所致。图 1.30 为苫小牧和震源附近的广尾观测到的加速度时程和速度反应谱。由该图可知，苫小牧地区的加速度在地震动后 50s 内，周期为 6 ~ 8s 的地震动较为显著。此外，广尾观测到的加速度卓越周期约为 0.3s。虽然两个地区观测值均为地表加速度，但广尾是在基岩上观测的，而苫小牧市是在厚度 2m 的堆积层上观测的。厚堆积层对长周期地震动具有放大效应。

照片 1.37　地基液化引起的喷砂
（2003 年十胜近海地震，札幌市清田区）

照片 1.38　浮顶式储油罐的火灾
（2003 年十胜近海地震，照片提供：共同通信社）

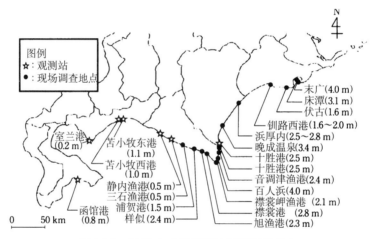

图 1.29　2003 年十胜近海地震的海啸高度
（依据气象厅公报和调查报告等绘图）

　　圆形罐晃动的一次固有周期 T_s 可通过本书"2.2.3 长周期地震动"中的式（2.21）求出。发生火灾储油罐的直径为 42m，如果以满罐状态计算的话，固有周期为 6.7s。该固有周期与苫小牧市观测到的地震动卓越周期相近，如图 1.30（b）所示。由此推测该长周期地震动诱发了罐内液体的晃动。

　　长周期地震动引起了大型储油罐内液体的晃动，从而导致液体的溢出和火灾，自 1964 年新潟地震以来，很多的地震中均有发生。如本书 1.2 节所述，1999 年土耳其 Kocaeli 地震及同年的中国台湾集集地震中也出现了类似情况。

　　防止数十米直径的大型储油罐内液体的晃动有一定技术难度，虽提出了几个方案，但尚未有实际运用。因此，为防止晃动导致罐内液体向外部溢出，采用了防油堤增强措施并完善了初期消防设备。此外，对浮顶式储油罐，通过设置双壳等工艺进行了罐体加固。

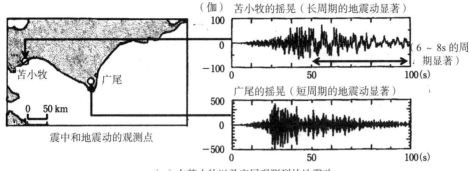

（a）在苫小牧以及广尾观测到的地震动

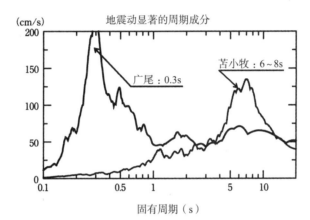

（b）观测到的地震动速度反应谱

图 1.30　苫小牧以及广尾观测到的地震动（2003 年十胜近海地震）

1.3.5　2004 年　新潟县中越地震 [24]

2004 年 10 月 23 日,以新潟县中越地区为震源,发生了 M_w 6.6（M_J 6.8）的内陆断层地震。震中位于北纬 37º17′、东经 138º52′,震源深度约为 13km。根据《新编 日本的活动断层》[25],如图 1.31 所示,该地区在地震前存在野野海峠断层群和十日町断层,但新潟县中越地震的震中远离这两个断层,震源并未出现在活动断层处。与后述 1.3.8 节 "2008 年岩手、宫城内陆地震"一样,表明内陆地震预测的难度。如图 1.32 所示,在新潟县川口町观测到的地震烈度为 7,在小千古市、旧山谷志村、旧小国町观测到的地震烈度为 6 强,此外,在新潟县的广大范围内地震烈度为 6 弱。

根据 K-NET（日本强震观测网）几个观测点加速度的数据,其中,十日町以及小千谷的加速度反应谱如图 1.33 所示。两地点的最大水平加速度分别为 1314cm/s²、1716cm/s²,远超过兵库县南部地震的最大加速度 813cm/s²。不过,与兵库县南部地震相比,小千古的加速度卓越周期为 0.2 ~ 0.3s 的短周期,这是建筑物、桥梁等受灾轻微的一个主要原因。

该地震造成新潟县内死亡 67 人,其中 9 人因震后过劳压力而死亡。主震发生后,到 11

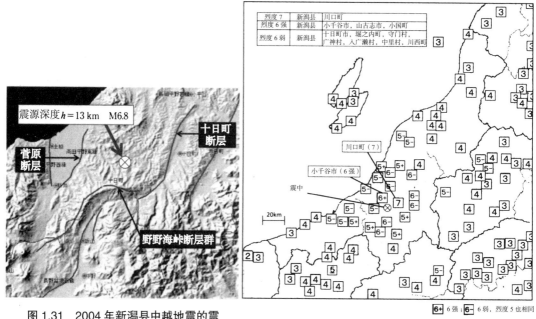

图 1.31   2004 年新潟县中越地震的震中和周边地区的活动断层

图 1.32   2004 年新潟县中越地震时各地的烈度
（依据气象厅数据）

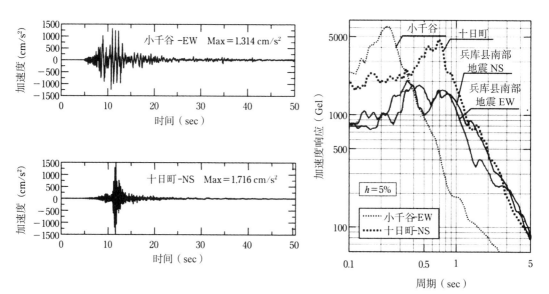

图 1.33   十日町及小千谷的加速度记录和加速度反应谱
（2004 年新潟县中越地震）

月 30 日为止有感余震共发生了 825 次，受灾者无法住在受损的房屋里，为了取暖在车中过夜也成为过劳死的一个原因。

新潟县中越地震造成建筑物全部损坏 3175 栋、部分损坏约为 12 万栋、重伤 636 人，电力、燃气、给水管道等生命线设施受损影响的住户分别为 28 万、5 万 6 千和 13 万户。

照片 1.39　风化岩体斜坡的滑动
（2004 年新潟县中越地震）

照片 1.40　河道阻塞导致堰塞湖
（2004 年新潟县中越地震）

　　新潟县中越地震的特征之一是斜坡滑塌多发。该地区为海洋板块移动引起压缩应力场的活动褶曲地带，斜坡高度风化，且涌水较多，属于脆弱的地质环境。以山岭地区为震源的强烈地震动引起多处斜坡滑塌，如照片 1.39 所示。根据日本国土交通省的统计，斜坡滑塌 1662 处，滑塌土方量合计为 7000 万 m^3。斜坡滑塌导致河道堵塞，形成了多个堰塞湖。在芋河流域发生了 38 处河道堵塞，其中最大的河道堵塞发生在东竹沢，储水量达到了 256 万 m^3，如照片 1.40 所示。

　　新潟县中越地震受灾的另一个特征是排水窨井的上浮，如照片 1.41 所示。在小千谷市、长冈市等地约 1400 个以上的窨井发生了上浮。另外，排水管回填土的液化引起地基沉降，如照片 1.41（b）所示。图 1.34 为小千谷市窨井的上浮比率与不同地形的关系。由图可知，在冲积扇和冲积台地处的窨井上浮比率超过了三角洲和旧河道处，原因是回填土发生了液

（a）窨井的上浮（长冈市内）　　　　　　　　（b）路面的沉降（小千谷市内）

照片 1.41　2004 年新潟县中越地震引起排水管道的破坏

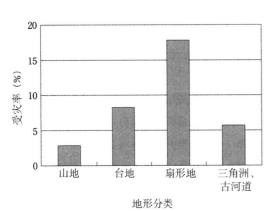

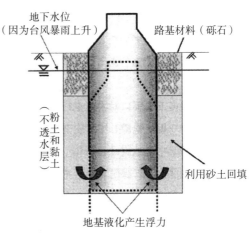

图 1.34　各种地形窨井的上浮率和微地形
（2004 年新潟县中越地震，小千谷市）

图 1.35　回填土的液化引起窨井上浮

化，如图 1.35 所示。新潟中越地震后，为了防止因地基液化引起窨井上浮，提出了通过水泥混合土回填及加重窨井等措施，并得到实际应用，这些对策措施详见 3.3.3 节"窨井的上浮对策"。

图 1.36 为新潟县中越地震时，小千谷市的排水管道受损率与地形关系图，除三角洲、旧河道以外，山岭地区的受损率较大，其受损率较高的原因是受斜坡崩塌和填土滑动的影响。

新潟县中越地震中另一类灾害为上越新干线的脱轨，如照片 1.42 所示。浦佐—长冈间运行的东京发往新潟的朱鹮 325 号新干线因为地震动发生了脱轨，所幸安全停车，151 名乘客安然无恙。脱轨时，新干线正运行在高约 9m 的高架桥上。高架桥下的地基为河岸阶地和冲积洼地。据分析，新干线脱轨原因为地基和高架桥对地震动的放大作用所致[26]。该地区的地表烈度为 6 左右，如图 1.32 所示，高架桥对地震动的放大作用，使得轨道表面的烈度达到了 7。如图 1.27 所示，1995 年的兵库南部地震中，在烈度为 7 的范围内行驶或停止状态的 9 趟列车中有 8 趟列车发生了脱轨。

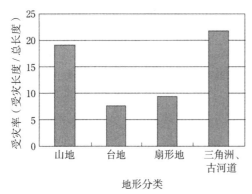

图 1.36　排水管道的受灾率和微地形
（2004 年新潟县中越地震，小千谷市）

照片 1.42　新干线的脱轨
（2004 年新潟县中越地震）

直下型地震对高速铁路运行安全的影响是今后的重大研究课题，目前正在开发不易脱轨的低重心车辆，以及即使脱轨也能让其安全停止的装置和轨道构造。

新潟县中越地震后，提出了在人口稀少、高龄化严重的山村提高地震防灾性的方案及发生灾害时确保通信畅通等课题。此外，山村传统文化保护及原始风景恢复也成为主要的讨论课题。

1.3.6　2007 年　能登半岛地震 [27]

2007 年 3 月 25 日，以能登半岛门前町海域为震源，发生了 M_w 6.7（M_J 6.9）的地震。根据日本气象厅的数据，震中位于北纬 37º13′、东经 136º41′，震源深度为 11km。如图 1.37 所示，该地震是由长约 20km 的逆断层发生横向错动引起的。断层绝大部分位于海底，局部在陆地上。北陆电力为了在该地区建设志贺核能发电站，已经对周边陆地和海域的活动断层进行了详细调查，但这些调查未能发现引发能登半岛地震的断层。海底调查一般是通过声波探测进行，由此可见，判断海底活动断层有无及规模有较大难度。奥能登地区是日本地震低发区域，不是国家地震长期评价的对象，一直以来认为 30 年间遭受烈度 6 弱以上地震的概率只有 0.1%。但是，如图 1.38（a）所示，此次地震中，在轮岛市、七尾市、穴水町，观测到该地区历史上首次出现的 6 强烈度。根据 K-NET 的观测数据，地表的最大加速度在富来町（距震中约 7km），为 846cm/s²，超过了兵库县南部地震时在神户海洋气象台的观测值 818cm/s²，该地震较为显著的特征是地震动的卓越周期较短。

根据日本消防厅的统计，死亡 1 人、受伤 356 人，建筑物全部损坏 638 栋、部分损坏 13553 栋。能登半岛地震导致道路填土、斜坡滑塌，同时，地基液化造成港湾设施及生命线

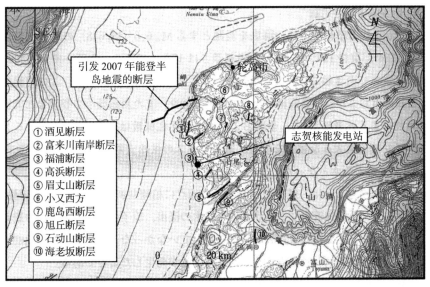

图 1.37　能登半岛西海岸周边的活动断层
（根据：独立行政法人产业技术综合研究所的图修改）

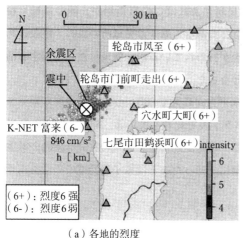

（a）各地的烈度

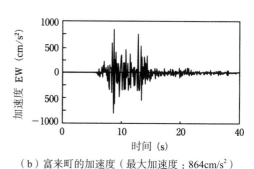

（b）富来町的加速度（最大加速度：864cm/s²）

图1.38　2008年能登半岛地震时各地的烈度和富来町观测点的记录

管线的破坏。距震中20km的志贺核能发电站在地震发生时正处于停运中，设施、机械等未遭到损坏。

照片1.43为1980年竣工的能登半岛收费公路填土的坍塌情况，该道路建设于山岭地带，在建成后不久高填土区域发生了多次滑坡。

1.3.7　2007年　新潟县中越近海地震[28]

2007年7月16日，以新潟县柏崎市近海的海底为震源，发生了 M_w 6.6（M_J 6.8）的地震。震中位于北纬37°33′24″、东经138°36′30″，震源深度

照片1.43　填土的坍塌
（2007年能登半岛地震，能登收费公路）

为17km。该地震由处于西北—东南方向压缩应力场的逆断层而引起。如图1.39所示，该地震在新潟县柏崎市、长冈市及长野县饭纲町等烈度为6强，新潟县小千谷市烈度为6弱。地震造成死亡15人，全部及部分损坏的住宅分别为133栋、5250栋。生命线管网设施也遭受了很大的破坏，电力和燃气供给困难，受影响的用户分别为5600户及3400户，约60000用户停水。

地震时，距震中17km的柏崎刈羽核能发电站正在运转，变压器发生了火灾、储存核废料的水池发生冷却水逸出、反应堆厂房中起重机脱轨、建筑地基沉降，造成这些灾害的原因是在设计时未考虑到的活动断层引发了地震，实际发生的地震动大小远远超过了设计值。

图1.40为柏崎刈羽核能发电站周边活动断层的位置。图中B表示长7km的海底断层，虽然在设计时知道它的存在，但被看作停止活动的"死断层"。根据日本文部科学省地震调查研究推进总部的意见，B断层在图中点线范围内长达27km均发生破坏，导致了该地震的

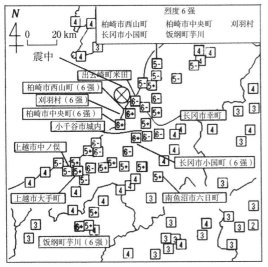

图 1.39　2007 年新潟县中越近海地震时各地的烈度
（依据日本气象厅数据）

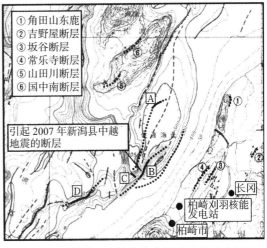

图 1.40　柏崎刈羽核能发电站附近的活动断层
（参考 2007 年 7 月 20 日发行的朝日新闻）

发生。和一般的重要结构物相比，在设计建设核能发电站时会进行更详细的活动断层调查，此次地震表明要毫无遗漏地发现建设场地附近的活动断层是比较困难的。

　　该核能发电站反应堆厂房的地基上观测到的水平方向最大加速度为680cm/s^2。图 1.41 为该地震动与设计用加速度反应谱的比较。观测到的地震动谱远远超过了设计地震动谱。尽管此次地震没有导致大量的放射线泄漏和核物质扩散，但是地震动谱的观

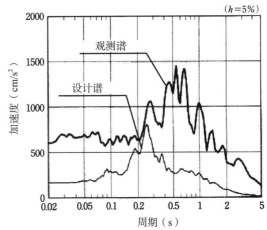

图 1.41　反应堆建筑物基础板的设计用加速度谱和 2 号机基础板上观测到的加速度谱（2007 年新潟县中越地震）

测值远超设计值成为确定核能发电站设计地震动时必须考虑的重大课题。

　　柏崎刈羽核能发电站的受损及变压器的火灾，降低了社会对核电站的信赖感。由于消防体制和消防设备不完善，灭火花费了很长时间。火灾的直接原因是变压器漏油引发的。照片1.44（b）为变压器及涡轮厂房的情况。变压器漏油的原因是由于变压器的桩基础和母线连接部位扩展基础的不均匀沉降。

　　核能发电站抗震设计的最大目标是：即使遭遇再大的地震，也要防止大量放射线的泄漏和核物质的扩散。新潟县中越近海地震时实现了该目标。然而，由于基础构造差异导致不均匀沉降，从而引发了火灾，因此有必要重新考虑采用 C 级抗震的结构物设计方法。

（a）火灾的情况　　　　　　　　　　　　（b）变压器和电缆台架的不均匀沉降

照片 1.44　变压器的火灾和不均匀沉降引起漏油和起火（2007 年新潟县中越地震）

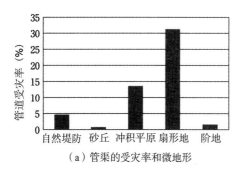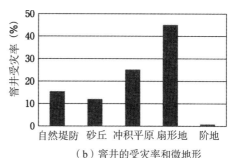

（a）管渠的受灾率和微地形　　　　　　　（b）窨井的受灾率和微地形

图 1.42　排水管道的受灾率和微地形（2007 年新潟县中越地震，柏崎市）

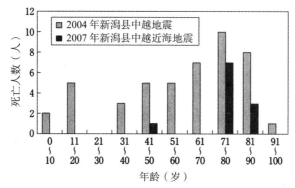

图 1.43　2004 年中越地震以及 2007 年中越近海地震的死亡人数

　　新潟县中越近海地震引起柏崎市内约 40km² 范围、总长 112km 的排水管道破坏。从柏崎市内选定了自然堤防、砂丘、冲积平原、冲积扇、阶地 5 类地形，对排水管道破坏率与地形的关系进行了调查，如图 1.42 所示。其中，管道的破坏率定义为：以两相邻窨井间的管道为 1 个基本单位，窨井间管道受损总数与窨井间隔总数的比。70％的排水管道破坏为管道的屈曲，其他为结头处的损伤及反坡等。管道材质 90％是氯乙烯管。窨井受灾的形态有上浮、本体损伤、滞水等。在冲积扇及冲积平原的排水管、窨井破坏率较高，在冲积扇地形破坏率较高的原因为回填土多采用砂土，回填土发生了液化，且冲积扇本身也存在砂质土；冲积平原破坏率较高的原因是软弱地基引起地震动的放大及地基液化。

图 1.43 为 2004 年新潟县中越地震及 2007 年新潟县中越近海地震中，不同年龄段死亡人数的统计结果。由该图可知，60 岁以上高龄人群死亡人数较多，因此必须重视地区人口的老龄化及高龄人群灾害应对能力较弱等问题。

1.3.8 2008 年 岩手—宫城内陆地震 [29]

2008 年 6 月 14 日，以岩手县南部的山岭地带为震源，发生了 M_w 6.9（M_J 7.2）的地震。震中位于北纬 39°01′、东经 140°53′，震源深度为 18km。图 1.44 为各地的烈度分布。栗原市以及奥州市的烈度为 6 强。防灾科学技术研究所通过 K-NET、KIK-NET 等地震台网，观测了地表及地下的加速度。其中，距震中 21km 的一关市的观测点记录了垂直方向的最大加速度为 3866cm/s²，如图 1.45 所示。该观测点的水平方向的最大加速度为 1434cm/s²，垂直方向的加速度远远超过水平方向的加速度，这是直下型地震的一个特征。

地震后的调查表明，该地震是地壳内的逆断层引起的，如图 1.46 所示，震中并不位于地震发生前所确定的活动断层上，和前述的 2004 年新潟县中越地震一样，再次表明预测内陆活动断层引起的地震比较困难。该地震造成死亡、失踪人数为 23 人、全部损坏房屋 34 栋、部分损坏房屋 2667 栋。由于震源位于山岭地带，导致了大规模的斜坡滑塌。斜坡滑塌集中发生在地震断层的上盘侧。此外，泥石流及道路填土的破坏造成了多处堰塞湖，导致河道堵塞。

该地震引发的最大斜坡破坏发生在荒砥沢水坝上游侧，如照片 1.45 所示。滑坡全

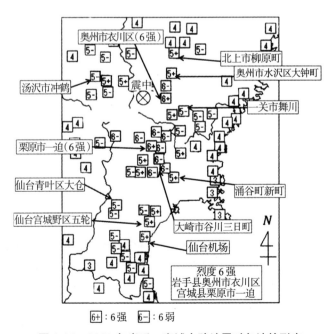

图 1.44 2008 年岩手—宫城内陆地震时各地的烈度

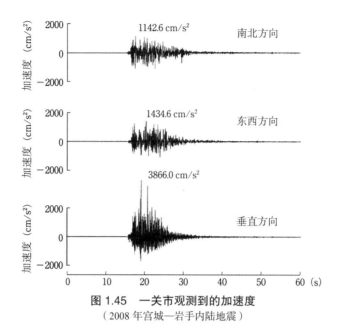

图 1.45   一关市观测到的加速度
（2008 年宫城—岩手内陆地震）

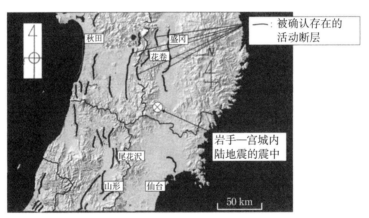

图 1.46   2008 年岩手—宫城内陆地震的震中和周边的活动断层
（新编   日本的活动断层）

照片 1.45   荒砥沢大坝湖斜坡的大滑坡
（2008 年岩手—宫城内陆地震）（全长 13km，宽 900m，总土方量 7000 万 m³）

长 1300m、最大宽度 900m、坡顶落差 148m、坡面移动距离 320m 以上、坍塌土方量达 7000m³。火山灰质土层是导致大规模斜坡破坏的原因。

1.3.9 2011 年 东北地区太平洋近海地震（东日本大地震）[30-32]

2011 年 3 月 11 日 14 时 46 分，以岩手县到茨城县近海的广大范围为震源，发生了 M_w 9.0（M_J 9.0）的巨大地震。该地震发生在太平洋板块插入大陆侧北美板块的板块边界处，是日本有史以来最大的地震。震中位于北纬 38º10′、东经 142º86′，震源深度为 24km。如图 1.47 所示，该地震中，从岩手县到茨城县的广大地区烈度达 6 弱和 6 强，另外，在宫城县栗原市烈度为 7。图 1.48 为各地观测到的最大加速度值。观测到的地表最大值加速度出现在栗原市，其值为 2993cm/s²（3 分量的合成值）。到 2012 年 10 月 31 日为止，根据日本警察厅的统计，死亡 15872 人、失踪 2769 人、全部或部分损坏房屋 39 万 5822 栋。在本书完成时为止，其他受灾情况尚未完全查明，今后必须通过进一步的调查、细致地记录下该地震、海啸产生的破坏，并传达给后世。

该巨大地震引发的海啸席卷了从东北地区北部至四国近海大范围的沿海区域。如图 1.49 所示，在三陆海岸地区观测到的最大海啸浪高为 13m，另外，海啸的陆上爬升高度达到约

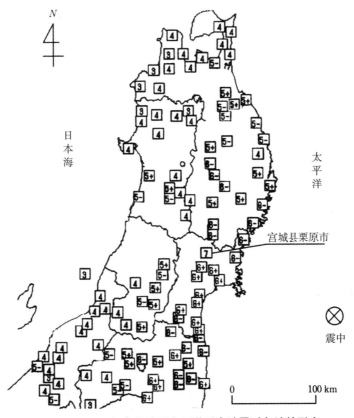

图 1.47 2011 年东北地区太平洋近海地震时各地的烈度

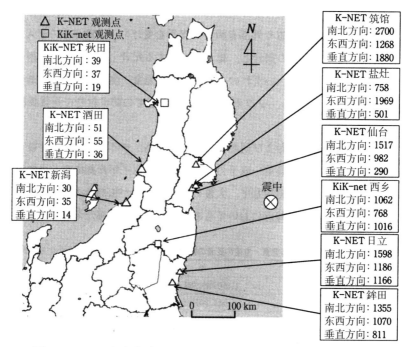

图 1.48 2011 年东北地区太平洋近海地震时的最大加速度（cm/s²）

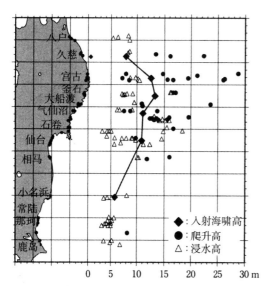

图 1.49 海啸的入射波高（2011 年东北地区太平洋近海地震）（海岸线的监测仪得到的海面的上升、浸水高度、爬升高度，来自港湾机场技术研究所）

30m。死亡、失踪者大多是因为该大海啸造成的。

日本政府的中央防灾会议指出，在宫城县的海域内，今后 30 年间发生震级 7.5 的中规模地震有 99% 的可能性，但实际发生的地震是预测地震能量的 180 倍。日本文部科学省设置的地震调查研究推进总部，也同样预测在宫城县近海发生震级 7.5 以及沿日本海沟发生震级 7.7 的地震有很大的可能性。地震调查研究推进总部指出，该海域 2 个地震连续发生时，震级将达到 8.0，但能量也仅为实际发生的巨大地震能量的 1/32。地震发生前，部分地震学领域的研究者指出，869 年前发生的贞观地震还有可能发生。另外，贞观地震引起的海啸所影响的区域和该地震引起的相类似。不管怎样，东日本大地震表明地震及海啸预测存在重大失败。为何会发生这样的失败，引发了日本地震、海啸防灾领域的思考。

大海啸夺去了许多生命，必须研究如何有效应对海啸。具体包括海啸预警机制、警报传播手段、海啸的避难设施及灾害前的避难训练和有效的防灾教育。

釜石市、气仙沼市儿童、学生死亡的人数和总人口的比例（2011 年东北地区太平洋近海地震）　表 1.3

		釜石	气仙沼
总人口的死亡、失踪率		1091/39508=2.78%	1407/74247=1.89%
学生、儿童的死亡、失踪率		5/3244=0.15%	12/6054=0.19%
防灾教育	基本理念	掌握"自己能够保护自己生命的能力"	通过自助、互助减灾
	防灾教育工具	活动海啸危险度地图	海啸数字图书馆

　　有效的防灾教育，可以借鉴斧石市和气仙沼市。两市都编制了防灾教育的教材，并建立了专业组织，同时，积极争取了文部科学省和相关专家的支持。表 1.3 为中小学校儿童、学生的死亡率，死亡、失踪人口占总人口的比例以及防灾教育的目标和手段。两市儿童、学生的死亡率为总死亡率的 1/10 以下。值得注意的是，防灾教育和避难训练是有效的软件措施。

　　海啸造成建筑物、防潮堤、桥梁、道路、生命线等社会基础设施的巨大破坏。特别是福岛第一核能发电站，冷却反应堆的电源系统全部失灵，最终发生了氢气爆炸，大量的放射性物质溢出，不仅影响到福岛县，也波及关东地区。

　　虽然海啸造成大量结构物、设施的破坏与冲毁，但也有结构物可以抵抗海啸。照片 1.46 为可以抵抗海啸的 5 层钢筋混凝土建筑物，该建筑物建于陆前高田市的海岸旁，从外观来看，钢筋混凝土的上部结构及桩基础未发现明显变形。该建筑物的第 5 层留下了海啸到达过的痕迹，推测海啸浪高达 5 层楼。另外，照片 1.47 为建设在斧石市沿岸高架道路的混凝土桥，海啸到达了梁座附近，但没有发现该桥任何结构上的损伤。

　　能够抵抗海啸的结构物在 2004 年的苏门答腊地震、海啸中也有报道。参见本书 1.2.5 节"苏门答腊地震、海啸"，占人口约 1/4 的约 70000 人的生命被海啸夺走的苏门答腊岛北部的

照片 1.46　经受海啸的 5 层钢筋混凝土建筑物
（2011 年东北地区太平洋近海地震，陆前高田市）

照片 1.47　经受海啸的高架道路的钢筋混凝土桥墩
（2011 年东北地区太平洋近海地震，釜石市）

Banda Ache 市的一个清真寺如照片 1.20 所示。据报道，海啸浪高达一层的天花板，但建筑物本体完好无损。同样照片 1.21 为 Banda Ache 市内的混凝土桥。海啸越过了桥梁上方，但混凝土桥基本没有损坏。为了抑制垂直桥轴向的振动位移，桥座上设置了阻止摇晃的混凝土挡块，如前所述，它是该桥梁能够抵抗海啸外力的主要原因。像这样可以抵抗海啸的结构物、设施还有很多。上述东北地区太平洋近海地震中未受损的结构物为今后建设能抵抗海啸的结构物提供了参考。

　　除了海啸造成的灾害以外，东北地区太平洋近海地震还使从东北地区到关东的广大地区发生了地基液化。特别是在东京湾沿岸的填埋地发生了严重的地基液化，以浦安市为代表的千叶县发生了建筑物的沉降、倾斜及排水管道等生命线设施的破坏。

　　根据东京湾沿岸填埋地地震前后拍摄的卫星照片及航空照片，判定了地基液化造成的喷砂及其发生地点。如照片 1.48 所示，照片 1.48（a）是地震发生前约一年半所拍的航空照片，照片 1.48（b）是地震发生 20 天后拍摄的照片，圆圈所标地点有地表喷砂的痕迹。如图 1.50 所示，通过航拍确定了东京湾沿岸液化地点，由图可知，东京湾沿岸的填埋地几乎都发生了地基液化。照片 1.49 为浦安市窨井的上浮及在川崎市东扇岛喷砂堆积的情况。

（a）地震前（2009.10.16）

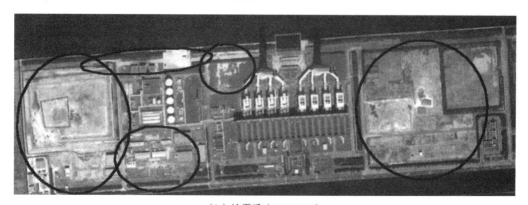

（b）地震后（2011.3.31）
根据地震前后的航拍照片判读液化痕迹（喷砂）（用圆标记的地点被判定为喷砂）

照片 1.48　东京湾临海石化联合基地的破坏（2011 年东北地区太平洋近海地震）

东北地区太平洋近海地震造成了东北地区及东京湾的临海石化基地发生了 11 处灾害，其状况如图 1.51 所示。市原市的 Cosmo 石油，17 个 LPG 罐爆炸起火，球形罐的铁制碎片飞散到 6km 外的住宅地。川崎的京滨石化基地，除了晃动引起溢油和浮顶沉没以外，还发生了 LNG 的泄漏、电缆火灾等。

此外，东北地区沿岸由于海啸和长周期地震动，也造成了危险物储罐等破坏，如图 1.52 所示。其中，气仙沼市 23 个渔船燃料罐中的 22 个因为海啸而上浮、漂流，引起了火灾。

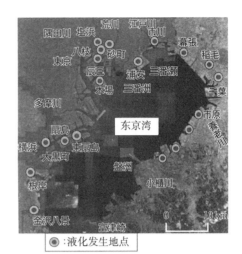

图 1.50　根据卫星照片和航拍照片判读东京湾填埋地的液化发生地点（2011 年东北地区太平洋近海地震）

（a）液化引起窨井的上浮（浦安市）　　　　（b）喷砂的堆积（川崎市东扇岛干线 5 号道路）

照片 1.49　液化引起窨井的上浮以及喷砂的堆积（2011 年东北地区太平洋近海地震）

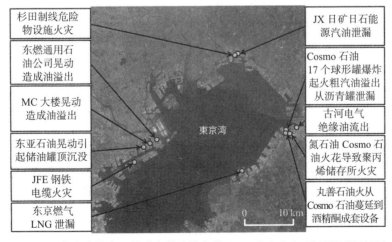

图 1.51　东京湾临海石化联合基地的事故（2011 年东北地区太平洋近海地震）

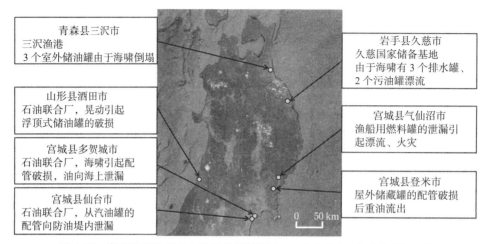

青森县三沢市
三沢渔港
3 个室外储油罐由于海啸倒塌

岩手县久慈市
久慈国家储备基地
由于海啸有 3 个排水罐、
2 个污油罐漂流

山形县酒田市
石油联合厂，晃动引起
浮顶式储油罐的破损

宫城县气仙沼市
渔船用燃料罐的泄漏引
起漂流、火灾

宫城县多贺城市
石油联合厂，海啸引起配
管破损，油向海上泄漏

宫城县登米市
屋外储藏罐的配管破损
后重油流出

宫城县仙台市
石油联合厂，从汽油罐的
配管向防油堤内泄漏

0   50 km

图 1.52 东北地区沿岸危险物设施的破坏（2011 年东北地区太平洋近海地震）

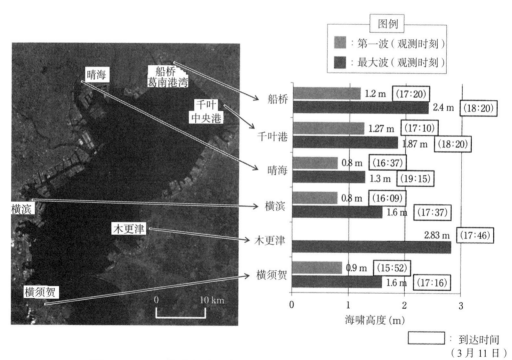

图例

■：第一波（观测时刻）
■：最大波（观测时刻）

船桥   1.2 m（17:20）
          2.4 m（18:20）

千叶港   1.27 m（17:10）
          1.87 m（18:20）

晴海   0.8 m（16:37）
          1.3 m（19:15）

横滨   0.8 m（16:09）
          1.6 m（17:37）

木更津   2.83 m（17:46）

横须贺   0.9 m（15:52）
          1.6 m（17:16）

0   1   2   3
海啸高度（m）

□：到达时间
（3 月 11 日）

图 1.53 2011 年东北地区太平洋近海地震引起东京湾的海啸高度
（基于千叶县石油联合基地防灾评估研究委员会报告和 Google 地图）

　　如图 1.53 所示，东京湾最大浪高 2.8m 的海啸出现在木更津市。到目前为止，建设在东京湾沿岸石化基地的设施基本没有考虑海啸的影响。东北地区太平洋近海地震造成的海啸灾害，为今后提高大都市圈沿岸石化基地设施的防灾性能提供了重要借鉴。

参考文献

[1]　内閣府，平成 20 年版 防災白書，2008

[2]　気象庁のホームページ（http://www.jma.go.jp/jma/index.html）および米国地質調査所のホームページ（http://www.usgs.gov/）

[3]　R. Reilinger *et al.*, GPS Constraints on Continental Deformation in the Africa-Arabia-Eurasia Continental Collision Zone and Implications for the Dynamics of Plate Interactions, *Journal of Geophysical Research*, Vol. 111, B 05411, 2006

[4]　土木学会，The 1999 Kocaeri Earthquake, Turkey, 震災調査シリーズ⑤

[5]　土木学会，The 1999 Ji-Ji Earthquake, Taiwan, China, 震災調査シリーズ⑥

[6]　土木学会，The 2001 Kutch Earthquake Gujarat State, 震災調査シリーズ⑦

[7]　Biswas, S. K.：Regional Tectonic Framework, Structure and Evolution of the Western Marginal Basins of India, *Technophysics*, 135, 1987

[8]　地震工学会，土木学会，建築学会，地盤工学会，Boumerdes Earthquake, The 21st May, 2003

[9]　Hirata, K., K. Satake, Y. Tanioka, T. Kuragano, Y. Hasegawa, Y. Hayashi and M. Hamada, The 2004 Indian Ocean tsunami：source model from satellite altimetry, *Earth Planets Space* 58, 195-201, 2006.

[10]　JSCE-AIJ Joint Investigation/Technical Support Team for Restoration and Reconstruction of the Affected Areas by the Pakistan Earthquake on Oct. 8, 2005

[11]　Kamp Ulrich, *et al.*, GIS-Based Landslide susceptibility Mapping for the 2005 Kashimir Earthquake Region, *Geomorphology*, 101, 2008

[12]　濱田政則，呉旭，2008 年汶川地震による被害と復旧のための日中技術協力，地震ジャーナル 47, pp. 27-31, 2009

[13]　徐錫伟・聞学澤・周栄軍・何宏林，他，汶川 Ms 8.0 地震の地表断層および震源モデル，地震地質，Vol. 30, No. 3, pp. 597-629, 2008

[14]　基礎地盤コンサルタンツ㈱，平成 5 年（1993 年）北海道南西沖地震，1993

[15]　石山祐二，平成 5 年北海道南西沖地震・津波とその被害に関する調査研究，文部科学省突発災害調査研究（No. 05306012），1994

[16]　富士総合研究所，北海道南西沖地震被害調査報告書，1993

[17]　土木学会，1993 年釧路沖地震被害調査報告，震災調査シリーズ No. 2, 1993

[18]　井合進，松永康男，森田年一，桜井博孝，1993 年釧路沖地震での岸壁の液状化対策の効果について，第 9 回日本地震工学シンポジウム，pp. 757-762, 1994

[19]　阪神・淡路大震災調査報告編集委員会，阪神・淡路大震災報告，共通編-2, 1998

[20]　濱田政則，阪神・淡路大震災―液状化による被害と教訓―COPITA No. 19, 1996

[21]　Sekiguchi, H. *et al.*,Determination of the location of Faulting Beneath Kobe during the 1995 Hyogo-ken Nanbu, Japan Earthquake from Near Source Particle Motion, *Geophys. Res. Lett.*, 23, 1996

[22]　鉄道総合技術研究所，兵庫県南部地震鉄道被害調査報告書，1996

[23]　早稲田大学濱田研究室，平成 15 年十勝沖地震調査報告書，2003

[24]　土木学会，2004 年新潟中越地震被害報告書，2005

[25]　活断層研究会編，新編 日本の活断層，東京大学出版会，2000

[26]　柿崎実沙子，濱田政則，新幹線の脱線の確率に関する検討，第 63 回土木学会年次講演会，2007

[27]　土木学会，2007 年能登半島地震被害調査報告書，2007

[28]　土木学会 地震工学委員会，2007 年新潟県中越地震の被害とその特徴

[29]　土木学会・地盤工学会・日本地震工学会・日本地すべり学会合同調査団，2008 年岩手・宮城内陸地震被害報告書，2008

[30]　土木学会 地震工学委員会，緊急地震被害調査報告書，2011

[31]　日本地震工学会他 5 学会共催，東日本大震災国際シンポジウム，2012

[32]　地盤工学会，東北地方太平洋沖地震災害調査報告会，2011

第 2 章 抗震设计和抗震加固

2.1 日本的抗震设计起源

2.1.1 地震工程学和地震学

一般人很难理解地震工程学和地震学的区别。如图 2.1 所示，地震学是研究产生地震的活动断层及地壳内地震波的传播特性，其最终目标是"预测地震"。但是，地震学未能预测到 2011 年 M_W（矩震级）、M_J（气象厅震级）为 9.0 的东北地区太平洋近海地震。未来几十年地震预测研究能在多大程度上减轻地震灾害，尚存在很大的疑问。总结东北地区太平洋近海地震预测失败的原因，将会促进地震预测的新发展。当然，人们应该认识到，当前技术水平尚不能实现 1~2 天或 1~2 周的临震地震预测。

地震工程学是研究地震中岩土地基、地下结构物、地上建筑物及桥梁等的安全性和动力特性，其目标是建造高抗震性能的建筑物和地基。

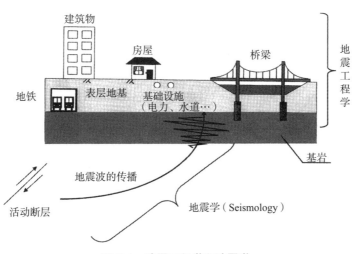

图 2.1 地震工程学和地震学

地震学领域的研究者主要来自于地球物理学等理科专业，而地震工程学的研究者主要来自于土木工程、建筑学、机械工程等工科专业。理科专业主要研究高概率地震的规模、震源区以及发生时期，工科专业主要研究地震以及地震所引起的海啸，确保结构物、设施的安全性。只有共同发挥理科、工科的作用，才可能构筑抵御地震、海啸的安全、安心的社会。然而，目前这两个专业领域尚未实现全面协作，这也是东日本大地震造成巨大灾难的一个主要原因。

2.1.2　抗震设计的起源——烈度法

考虑地震对建筑物、桥梁等影响的抗震设计开始于 1923 年 $M_J7.9$ 的关东大地震。关东大地震造成 576000 栋房屋、建筑物倒塌、烧毁，且地震引发的火灾造成 14 万人死亡及失踪，是日本近代史上最大的地震灾害。明治维新以来利用欧美技术建设的近代建筑物在该地震中受损严重。因此，佐野利器基于此次地震提出了烈度法的抗震设计思想[1]。

照片 2.1　1923 年关东地震和火灾使近代建筑物受灾
（照片来自日本国立科学博物馆地震资料室）

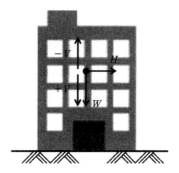

图 2.2　基于烈度法的抗震设计

如图 2.2 所示，烈度法是在建筑物设计时，除考虑建筑物的自重 W，还考虑由于地震加速度对建筑物产生的惯性力。作用在水平方向的惯性力 H 为自重 W 乘以水平烈度 K_H，即在水平方向施加部分自重作用力，计算建筑物的稳定性和各部件的应力。

$$H = K_H \cdot W \qquad (2.1)$$

应用烈度法对实际结构物进行设计时，关键是如何设定水平烈度。最初采用烈度法时，对建筑物、桥梁一般取 $K_H = 0.1$，即施加 10% 的自重作为水平力。此后，考虑到结构物的重要性、破坏后的危险性及对社会影响的程度，逐渐增大了取值。关东大地震后，考虑到地震摇晃对结构物安全性的影响，按照结构物和设施的种类，现在一般采用如下的水平烈度：

一般的建筑物、桥梁	≈ 0.2
危险物设施、高压燃气设施	$\approx 0.3 \sim 0.6$
大坝	≈ 0.15
港口设施、码头	$\approx 0.15 \sim 0.20$
核设施	$= \sim 0.6$

可见，结构物的种类不同、烈度取值也不同，上述取值考虑了结构物在地震中的响应特性、重要程度和抗震性能。

抗震设计中，水平力 H 为地震时作用在结构物或设施上的惯性力，可用式（2.1）表示为

$$H = \alpha_m \cdot M \tag{2.2}$$

式中，α_m 为地震动作用于结构物上的水平方向最大加速度，M 为结构物或设施的质量。式（2.2）可变为

$$H = \frac{\alpha_m}{g} \cdot Mg \tag{2.3}$$

式中，g 为重力加速度（980cm/s²），Mg 为结构物的自重 W。根据式（2.1）、式（2.3）可得

$$K_H = \frac{\alpha_m}{g} \tag{2.4}$$

即，水平烈度 K_H 为作用在结构物和设施上的水平最大加速度与重力加速度的比值。

除水平力外，在进行抗震设计时，有时也考虑地震垂直方向加速度引起的惯性力。

$$V = \pm K_V \cdot W \tag{2.5}$$

式中，V 为抗震设计时垂直方向的地震力，作用在对结构受力最不利的方向（向上或向下）。通常垂直方向烈度约为水平方向烈度的 1/2。K_H 和 K_V 一般称为水平烈度和垂直烈度，为区别于日本气象厅的地震烈度，也称为工程烈度。

基于烈度法的抗震设计，是将水平、垂直方向的地震力视为仅作用于固定方向的静外力。实际上，地震的惯性力为正负方向反转、反复作用的动外力。通过施加固定方向的静外力，计算结构物的稳定性和部件应力，与施加反复作用的动外力相比，一般偏于安全。按静外力作用设计的结构物，在地震动作用下从开始到破坏的安全裕度，是随地震动与结构物的特性而变化的。其中，该安全裕度可以根据结构物的破坏实验和数值计算等进行研究。

阐明结构物的破坏过程，是实现本书 2.3 节"对两阶段地震动基于性能的抗震设计"的重要前提。用模型试验模拟结构物破坏过程时，必须确保模型和实际结构物之间满足相似准则。结构物接近破坏时，外力和变形呈非线性。此时，模型和实际结构物很难满足相似准则。因此，应采用足尺模型进行破坏试验。1995 年兵库县南部地震后，在兵库县三木市建造了三维足尺破坏实验装置，用负载 1200tf 的大型振动台，进行了钢筋混凝土建筑物及医院、设施等的破坏实验，模拟了实际的破坏过程[2]。

2.1.3　修正烈度法

当地震动的卓越周期与结构物和地基的固有周期接近时，结构物和地基将发生大幅摇晃，加速度增大。因而如式（2.4）所示，水平方向烈度也将增大，而在烈度法中，地震动对构筑物的晃动影响取为定值。

为了解决烈度法存在的上述问题，提出了修正烈度法。根据结构物固有周期对摇晃程度的影响，相应改变烈度。图 2.3 为《道路桥规范及条文说明 V 抗震设计篇》的"第 4 章　基于烈

度法的抗震设计"[3]中规定的水平方向烈度 K_H。图中，横坐标为结构物的固有周期，根据地基类型（Ⅰ～Ⅲ），改变固有周期，从而确定水平方向烈度。作用于结构物上的水平力 H 为

$$H=C_Z \cdot K_H \cdot W \qquad (2.6)$$

式中，C_Z 为区域系数，根据如图 2.4 所示区域的地震活动程度取为 0.8 ～ 1.0。如图 2.3 所示，一般在 0.3 ～ 1.5s 的固有周期范围内，设计水平烈度增大，这是因为地震动的卓越周期一般多在该周期范围内。

地基类型Ⅰ～Ⅲ是根据表层地基的固有周期进行划分的，类型Ⅲ为冲积层和填埋地等软弱地基，类型Ⅰ为洪积层等硬质地基，类型Ⅱ为中间地层。图 2.3 为反应谱，可用以下方法求得。

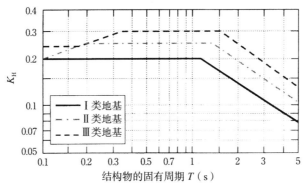

图 2.3　修正烈度法中使用水平烈度的事例
（道路桥梁规范及条文说明 [3]）

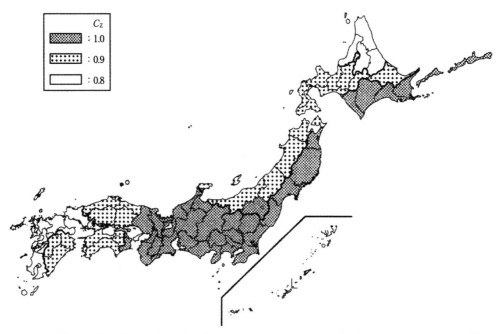

图 2.4　修正设计烈度，按地区采用的修正系数 C_Z（道路桥梁规范及条文说明，Ⅴ抗震设计篇 [3]）

2.1.4　反应谱

如图 2.5（a）所示，对一个质点输入某时刻的地震加速度 $\ddot{y}$（t）时，其位移 x（t）（相对弹簧底部的位移）为

$$\ddot{x}(t)+2\omega_0 h\dot{x}(t)+\omega_0^2 x(t)=-\ddot{y}(t) \tag{2.7}$$

式中，ω_0 为该质点系的角频率，h 为临界阻尼系数，由下式求出：

$$\omega_0=\sqrt{\frac{m}{k}}$$

$$h=\frac{c}{2\omega_0 m} \tag{2.8}$$

式中，m、k 分别为该质点系的质量和弹簧系数，c 为该质点系的黏滞阻尼系数。

求解式（2.7），得到该质点的相对位移 x（t）、相对速度 $\dot{x}$（t）和绝对加速度 $\ddot{x}$（t）$+\ddot{y}$（t）如下：

$$x(t)=-\frac{1}{\omega_0\sqrt{1-h^2}}\int_0^t e^{-\omega_0 h(t-\tau)}\cdot\sin\omega_0\sqrt{1-h^2}(t-\tau)\cdot\ddot{y}(\tau)d\tau \tag{2.9}$$

$$\dot{x}(t)=-\int_0^t e^{-\omega_0 h(t-\tau)}\cdot\left\{\cos\omega_0\sqrt{1-h^2}(t-\tau)-\frac{h}{\sqrt{1-h^2}}\sin\omega_0\sqrt{1-h^2}(t-\tau)\right\}\dot{y}(\tau)d\tau \tag{2.10}$$

$$\ddot{x}(t)+\ddot{y}(t)=\omega_0\frac{1-2h^2}{\sqrt{1-h^2}}\int_0^t e^{-\omega_0 h(t-\tau)}\cdot\sin\omega_0\sqrt{1-h^2}(t-\tau)\cdot\ddot{y}(\tau)d\tau$$
$$+2\omega_0 h\int_0^t e^{-\omega_0 h(t-\tau)}\cos\omega_0\sqrt{1-h^2}(t-\tau)\cdot\ddot{y}(\tau)d\tau+\ddot{y}(t) \tag{2.11}$$

相对位移、相对速度和绝对加速度的反应谱 S_D、S_V、S_a，取其与响应时刻 t 无关的最大值，分别表示为

$$S_D=|x(t)|_{\max} \tag{2.12}$$

$$S_V=|\dot{x}(t)|_{\max} \tag{2.13}$$

$$S_a=|\ddot{x}(t)+\ddot{y}(t)|_{\max} \tag{2.14}$$

因为一般 $h\ll1$，式（2.9）、式（2.10）变为

$$S_D=\frac{1}{\omega_0}\left|\int_0^t e^{-\omega_0 h(t-\tau)}\cdot\sin\omega_0(t-\tau)\cdot\ddot{y}(\tau)d\tau\right|_{\max} \tag{2.15}$$

$$S_V=\left|\int_0^t e^{-\omega_0 h(t-\tau)}\cos\omega_0(t-\tau)\cdot\dot{y}(\tau)d\tau\right|_{\max} \tag{2.16}$$

假定对最大绝对加速度值的影响较小，式（2.11）变为

$$S_a=\omega_0\left|\int_0^t e^{-\omega_0 h(t-\tau)}\cdot\sin\omega_0(t-\tau)\cdot\ddot{y}(\tau)d\tau\right|_{\max} \tag{2.17}$$

式（2.17）中，只考虑与时间 t 无关的最大值，若输入 $\ddot{y}$（t）的持续时间足够长，因为乘以 $\sin\omega_0$（t-τ）或 $\cos\omega_0$（t-τ）对最大值而言，其产生的误差很小，则

$$S_D\fallingdotseq\frac{1}{\omega_0}\cdot S_V \tag{2.18}$$

$$S_a\fallingdotseq\omega_0\cdot S_V \tag{2.19}$$

即，如果已知位移、速度、加速度三个反应谱中的任意一个，则可求出其余两个反应谱。

以固有角频率 ω_0 的倒数，即该质点系的固有周期 T_0（$=2\pi/\omega_0$）作为横坐标，加速

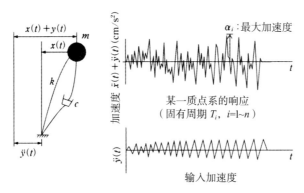

（a）某一质点系对地震动的响应

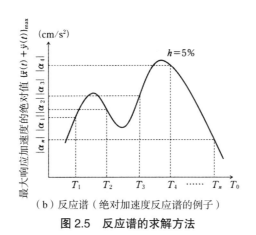

（b）反应谱（绝对加速度反应谱的例子）

图 2.5　反应谱的求解方法

度随时间的最大值对应于该质点系的固有周期 $T_1 \sim T_n$，如图 2.5（b），称为反应谱。图
（b）的纵坐标为 $\ddot{x}(t)$ 和输入加速度 $\ddot{y}(t)$ 的和 $\ddot{x}(t)+\ddot{y}(t)$，称为绝对加速度反应谱。
加速度响应的最大值随该质点系的临界阻尼系数 h 而变化。对一般的结构物而言，常
取 $h=0.05$（5%）。对大型储油罐内液体的晃动而言，因其振动阻尼较小，临界阻尼系
数常取为 0.5%。

　　一般用傅里叶谱对随机地震动的频率组成进行分析，可得出反应谱中包含各卓越周期的
振动分量。因此，傅里叶谱包含了更多的工程信息。

　　2011 年日本东北地区太平洋近海地震中，K-NET 记录了仙台市地表面加速度波形和
绝对加速度反应谱，如图 2.6 所示。由图可知，地表面加速度的最大值在南北和东西方向，
分别为 1517cm/s² 和 982cm/s²，取 $h = 5\%$ 时，在固有周期 0.5 ~ 0.8s 的范围内，南北方
向加速度响应值达 2000cm/s² 以上。相比输入质点系的地震动而言有较大增加，在输入的
地震动中，该周期范围内的振动分量占主导地位。

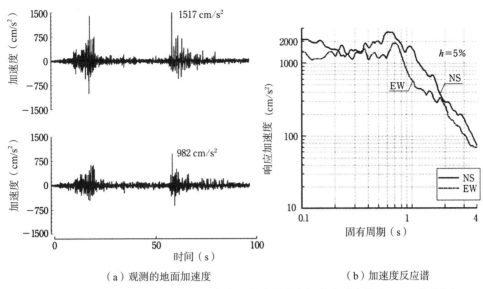

（a）观测的地面加速度　　　　　　　　（b）加速度反应谱

图 2.6　2011 年东北地区太平洋近海地震的地震动和加速度反应谱（K-NET 仙台市）

2.2　抗震设计法的发展

1923 年关东地震后日本提出了烈度法，随后根据结构物的固有周期对烈度进行修正，提出了修正烈度法，并在抗震设计中得到广泛应用，此后每当日本遭受地震灾害时，都对抗震设计方法进行修正。

2.2.1　针对地基液化的抗震设计

1964 年新潟地震中，砂质地基的液化开始引起工程界的重视。该地震中，新潟市的信浓河和阿贺野河沿岸的广阔地区，砂土伴随着地下水喷出，房屋等众多结构物发生了沉降和倾斜。因地基液化导致大幅倾斜的 3 层钢筋混凝土房屋，如照片 2.2（a）所示。该建筑物采

（a）清水商店建筑物　　　　　　　　　（b）窨井

照片 2.2　液化引起建筑物的倒塌（1964 年的新潟地震）

用扩展基础，而非桩基础。另外，如本书4.1.3节"1964年新潟地震"所述，昭和大桥建成后仅仅2周，就因液化地基的流动导致桥梁坍塌（参见照片4.8）。清水池和窨井等众多地下结构物在液化土浮力作用下发生了上浮（照片2.2（b））。

当时的研究人员及技术人员对该现象发生的机理未能充分阐明，仅仅认为是由于砂土在振动后强度急剧丧失的"流砂现象"。土木学会在新潟地震受灾的调查报告中[4]，对新潟市周围发生的地基液化现象称为"流砂"或"流动"，指出砂土向水平方向发生了大幅移动，表明如第4章"液化地基的流动和对策"中所述，已经对土的侧向流动现象有了直观的认识。

1964年新潟地震及随后的地震，由于砂土地基的液化，导致下述现象的发生：（1）地基承载力的大幅减少，导致地面结构物的倾斜、沉降；（2）液化土的浮力造成地下结构物的上浮；（3）填土堤防等土工构筑物破坏；（4）土压力增大导致护岸和挡土墙的移动、倒塌。针对这些液化破坏现象，提出了地基液化的判定方法及各种防液化措施，并应用到实际工程中。

针对1983年日本海中部地震，定量测定了液化地基流动引起的位移，并追溯到1964年新潟地震，研究了地基土流动引起的地基位移与桩基础或埋设管道破坏的因果关系。针对液化地基的流动机理以及对地下结构物的影响等问题，日美两国进行了共同研究，1995年兵库县南部地震时，以阪神地区的填埋区域为中心再次发生了液化地基的流动，桥梁及重要埋设管道受损严重。

针对液化地基流动造成的破坏，促进了相关抗震设计法及其措施的研究。液化的判定法、对策及流动位移的预测分别在本书第3章"地基液化和对策"以及第4章"液化地基的流动和对策"中详述。

2.2.2 生命线地震工程学

从构筑高密度化的市区生活空间及保护市民生命的角度，"生命线"是维持城市各机能的总称。1975年召开的美国地震工程学会议提出"生命线地震工程学"，将给排水管道、电力等设施统称为"生命线"[5]。

根据不同服务对象分类，生命线工程包括：

（1）供水、水处理设施

给水管道、排水管道、取水排水设备。

（2）能源设施

电力、城市燃气、城市供暖设施。

（3）信息、通信设施

通信、信息设施、广播设施。

（4）交通设施

道路、铁路、港口、机场。

　　1978 年宫城县近海地震造成了仙台市郊区丘陵填埋地的给、排水管道、燃气等生命线埋设管道的巨大破坏。丘陵填埋地的填土及挖土边界的地裂缝和错台是埋设管道受灾的最大原因。宫城县近海地震发生后，加强了埋设管道抗震性能的调查与研究。1982 年日本燃气协会制定了《燃气输送管道抗震设计指南》[6]。其中，在抗震设计法中，引入并考虑了地震波传播引起的地基位移、地裂缝和错台等地基大变形。

　　1995 年兵库县南部地震造成阪神地区城市生命线工程出现罕见的破坏。给排水管道、电力、燃气、通信等设施的破坏情况及其修复的天数参见表 1.2。兵库县各市的给、排水管道的破坏及修复天数如表 2.1（a）、（b）所示。神户市、西宫市以及芦屋市的给水管道、清水池、配水管网、排水管等的修复约为 70 天。此外，如 1.3 节的照片 1.35（a）所示，神户市水务局（位于市政府 5 楼）所在建筑物倒塌，导致给排水设施的相关资料丢失，给修复工作带来了困难。

　　如照片 1.35（e）所示，芦屋市输水隧道受到破坏，活动断层附近强烈的地震动及隧道覆土较浅是导致该破坏的主要原因。

1995 年兵库县南部地震引起给排水管道的破坏和修复　　　　　　表 2.1

（a）给水管道的破坏和修复天数

市	停水户数	直接损失（千日元）	完全修复的天数	破坏的特征
神户市	650000（100%）	31570000	70	·净水设施　·输水管 ·供水管　·政府大楼
西宫市	157000（95%）	4580000	70	·蓄水池　·输水管 ·供水管
尼崎市	193000（100%）	308000	14	·输水管　·供水管
芦屋市	33400	1474000	64	·净水设施　·引水隧道 ·滑坡
兵库县全体	1265730	55759000		

（b）排水管道的破坏和修复天数

市	管渠总长度（m）	破坏长度（m）	受灾总额（千日元）	备注
神户市	3315392	73005	51425927	·强地震动和液化造成污水处理厂、泵站设施的破坏 修复 ·管渠 140 日（神户） ·泵站 24 日 ·污水处理厂 50 日 不过，东滩污水处理场 5 个月
尼崎市	1019290	45583	1562431	
西宫市	916900	32088	11963615	
芦屋市	215400	28548	6155764	
宝冢市	531800	8597	1504239	
兵库县合计	7419982	198510（2.6%）	73456585	

排水设施破坏的主要原因是强地震动和地基液化。关于地基液化造成的破坏将在 4.1.4 节 "1995 年兵库县南部地震" 中详述，神户市东滩污水处理场内液化地基向运河方向最大水平移动了 3m，由此造成管理楼和污水处理设施基础的破坏，修复花费了约 5 个月。

生命线设施破坏加剧的主要原因有 :（1）以填埋地为中心的广阔区域发生了地基液化及流动，基础设施及埋设管路等多处受损 ;（2）存在大量抗震性弱的陈旧管路 ;（3）地震动远超过设计值等。

修复需要长时间的原因是 :（1）管道数据库不完善，且掌握受灾实情耗时过长 ;（2）受灾后的道路交通堵塞给主要设备、人员的运输带来影响;（3）其他生命线和修复工作的干扰。

兵库县南部地震后，大幅修订了给排水管道、城市燃气等的抗震设计方法。其中，除大幅提高设计地震动外，还考虑了液化地基流动的影响。

2004 年新潟中越地震时，长冈市与小千谷市超过 1400 个排水管道的窨井上浮，主要原因是窨井周围回填土的液化。因此，在对窨井回填土的防液化措施方面，提出了压实、利用碎石回填及用水泥等混合土回填等对策。另外，提出了几种防止既有窨井液化的对策，并已投入实用，将在本书 3.3.3 节 "防窨井上浮对策" 中详述。

2011 年日本东北地区太平洋近海地震中，海啸造成了众多污水处理场及泵站的破坏。

照片 2.3　液化土砂流入窨井
（2011 年日本东北地区太平洋近海地震）

浸水引起供电中断、漂流物向沉淀地等的流入及由于设备的破坏导致相当长时间内污水处理设施处于瘫痪状态。为此，日本国土交通省和日本下水道协会组成了 "下水道地震、海啸对策技术研究委员会"[16]，该委员会总结了推进抗震海啸对策的基本思路。详见 2.8 节 "排水设施的防海啸对策"。另外，东北地区太平洋近海地震中，造成窨井周围地基整体液化，发生了窨井偏移、管道脱节及由此引发的砂土流入并阻塞管道和窨井，如照片 2.3 所示。

2.2.3　长周期地震动

如第 1 章的照片 1.38 所示，2003 年十胜近海地震时，苫小牧的炼油厂的 2 个原油储罐发生了火灾，究其原因是卓越周期达数秒的长周期地震动引起了浮顶式储油罐液体的晃动，由于罐体大幅振动导致互相碰撞，引发火星并造成了火灾。长周期地震动引起的罐体火灾多发生在中规模以上地震，如 1964 年新潟地震、1999 年土耳其的 Kocaeli 地震。日本的石化基地建有许多浮顶式储油罐，仅东京湾沿岸就超过 600 个。虽然研究了抑制浮顶式储油罐内液体晃动的措施，但对直径数十米储油罐的液体晃动，尚无有效抑制的方法。

目前，为防止浮顶式储油罐晃动引发的火灾，采取了如下措施 :（1）用双层钢板增加浮

顶构造的刚度 ;（ 2 ）对于原油、重油等溢出时，为了防止其向外界流出，提高防油堤的抗震性能和抗液化性能 ;（ 3 ）配备初期灭火设备。

2003 年十胜近海地震后，更新了危险物罐体和高压燃气罐长周期地震动的设计值[7]。长周期地震动引起油罐液面上升量 W_h 可由下式求出 :

$$W_h = \frac{R}{g} \cdot 0.8337 \left(\frac{2\pi}{T_s} \right) \cdot S_v \tag{2.20}$$

式中，R 为油罐的半径（ m ），g 为重力加速度 9.8m/s^2。T_s 为油罐内液体晃动的一次固有周期，由式（2.21）给出。

$$T_s = 2\pi \sqrt{\frac{R}{1.84\,g \cdot \coth\left(1.84\,\dfrac{H}{R}\right)}} \tag{2.21}$$

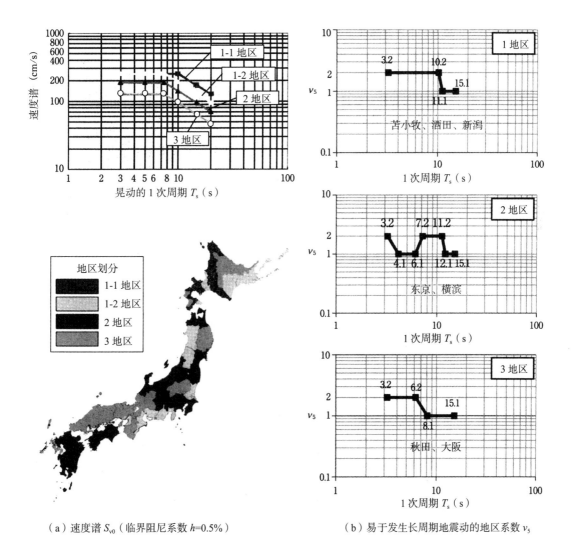

（ a ）速度谱 S_{v0}（临界阻尼系数 $h=0.5\%$）　　　　（ b ）易于发生长周期地震动的地区系数 v_5

图 2.7　估算液面上升量用的速度谱

式中，H 为液面的高度（m）。

S_V（m/s）为长周期振动引起的速度反应谱，可按下式求得：

$$S_V = \nu_5 \cdot S_{V0} \tag{2.22}$$

式中，S_{V0} 为标准速度谱，如图 2.7（a）所示，日本全国可以划分为 4 个区域。ν_5 为易于发生长周期地震动的系数，该值是根据各地区深部的地基构造设定的，以分布有石化基地的地区为对象，划分为 1 ~ 3 个区域，用图 2.7（b）所示的数值表示。

油罐内液体的溢出量 ΔV 可由下式求出[8]：

$$\Delta V = \pi R^2 \cdot \frac{\alpha \cdot \delta_h (R - r_0) \theta_0}{R} \tag{2.23}$$

式中，δ_h 为图 2.8 所示的溢流高度，可由液面上升量 W_h 和液面与侧壁顶部的高度差 H_c（m）求出。θ_0 为与侧板附近晃动波高 H_c 相等的角度。r_0 为油罐侧板高处 $\theta = 0°$ 的半径与液面交点的距离。α 表示浮顶晃动抑制效果系数，通常取 0.4023。

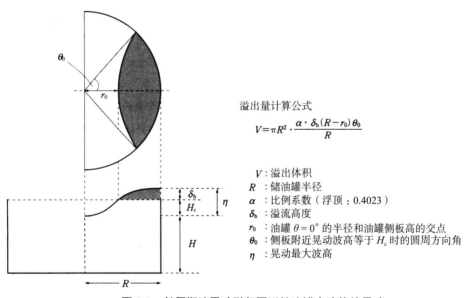

溢出量计算公式

$$V = \pi R^2 \cdot \frac{\alpha \cdot \delta_h (R - r_0) \theta_0}{R}$$

V：溢出体积
R：储油罐半径
α：比例系数（浮顶：0.4023）
δ_h：溢流高度
r_0：油罐 $\theta = 0°$ 的半径和油罐侧板高的交点
θ_0：侧板附近晃动波高等于 H_c 时的圆周方向角
η：晃动最大波高

图 2.8　长周期地震动引起圆形储油罐内液体的晃动
（引自：千叶县石油联合企业等防灾评价调查结果报告书[8]）

2.3　对两阶段地震动进行基于性能的抗震设计

2.3.1　日本土木学会对抗震设计和抗震加固的建议

1995 年兵库县南部地震破坏了许多建筑物、桥梁和护岸等社会基础设施，夺去了 6000 人以上的生命。如 1.3 节图 1.26 所示，神户市的地震动响应加速度在 0.3 ~ 1.0s 周期范围内达到约 2000cm/s²，远远超过兵库县南部地震以前在设计公路桥和铁路桥中考虑塑性抗震设计时采用的 1000cm/s²。这是造成大量结构物破坏的原因之一。

兵库县南部地震造成社会基础设施巨大破坏，1995 年 5 月日本土木学会的"抗震设计等基本问题研讨会"中，对抗震设计和既有结构物的抗震加固提出如下建议[9]：

（1）校核结构物的抗震性能时，在其设计年限内考虑两阶段的地震动：发生概率为 1 ～ 2 次的地震动；发生概率低，但极其强烈的地震动。

（2）结构物应具有的抗震性能，需要综合考虑其破坏对生命、救援行动、修复、重建及对社会经济的影响等进行设定。基于性能的抗震设计理念已经应用于全部的土木结构物的抗震设计中。

上述土木学会的建议是从兵库县南部地震中总结而来的，即结构物即使遭遇到像兵库县南部地震那样在断层附近发生的极其罕见的地震动，也不会完全破坏从而保护生命和财产安全。土木学会的建议，在 2 个月后召开的日本政府防灾会议提出的《防灾基本规划》[10] 中得到采纳。对结构物、设施的抗震性能规定如下：

（1）在结构物、设施等的抗震设计时，同时考虑两个阶段的地震动，即设计年限内发生概率为 1 ～ 2 次的一般地震动，以及发生概率低的直下型地震或海沟型巨大地震引起的强地震动。

（2）结构物、设施等在强地震动中，不会造成人命的重大影响，也不会对地震后的紧急救援、地区的经济发展产生显著影响。

《防灾基本规划》中提出的结构物抗震性能要求，成为兵库县南部地震后结构物、设施抗震设计和抗震加固的基本原则，具体体现在如下修订的规范与指南中：

• 公路桥规范及条文说明 V 抗震设计篇（1996 年 日本道路协会）
• 排水管道设计的抗震对策指南和解说（1997 年 日本下水道协会）
• 水道设施抗震方法指南及解说（1997 年 日本水道协会）
• 高压燃气设备等抗震设计指南（1997 年 日本高压燃气安全协会）
• 铁路结构物等设计标准及解说 抗震设计（1998 年 日本铁路综合技术研究所）
• 港湾设施技术标准及解说（1999 年 日本港湾协会）
• 高压燃气输送管抗震设计指南（2000 年 日本燃气协会）
• 燃气制造设备等抗震设计指南（2001 年 日本燃气协会）
• 高压燃气输送管液化抗震设计指南（2001 年 日本燃气协会）

如上所述，以铁路的钢筋混凝土桥墩为例，对两阶段地震动进行基于性能的抗震设计，如图 2.9 所示[11]。图（b）为地震作用力和位移，该图为桥墩顶部位移和地震作用力的关系。随着地震作用力的增大，混凝土发生开裂，地震作用力的进一步增大，导致钢筋屈服。随后，超过最大荷载后，桥墩整体垮塌。在两阶段地震动的等级 1 的地震动中，混凝土出现裂缝，但基本不发生残余位移。这种情况下，对桥墩不需进行任何修复，也能保证其具有和地震前同等的性能。在等级 2 的地震动中，上部结构及基础尽管发生了一定程度的损坏，但不会引起整体倒塌，经 1 ～ 2 周的修复后，能够恢复使用功能。判定桥墩的抗震性能，需要综合考虑上部结构和基础的损伤程度、桥墩残余位移，如图（c）所示。

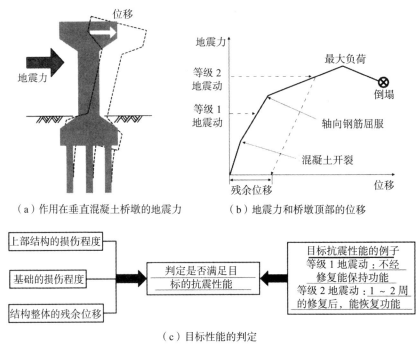

（a）作用在垂直混凝土桥墩的地震力　　　（b）地震力和桥墩顶部的位移

（c）目标性能的判定

图2.9　针对两阶段地震动基于性能的抗震设计

2.3.2　两阶段地震动的设定方法

对两阶段地震动进行基于性能的结构物抗震设计时，需对等级 1 地震动及等级 2 地震动进行设定。对等级 1 的地震动而言，多数情况下采用兵库县南部地震以前的抗震设计中所采用的地震动。

设定等级 2 的地震动有两种方法。第一是调查影响结构物抗震性能的活动断层，通过数值计算预测断层破坏引起结构物所在地的地震动；第二是以目前观测得到的地震动为标准，再根据地区的活动度进行修正。

前一种方法需要对附近的活动断层进行毫无遗漏的调查，有时存在困难，另外，从断层的破坏直接求地震动时，需要确定活动断层破坏过程的各种参数，一般也是比较困难的。

后一种方法需要确定观测所得的最大地震动，观测所得的最大值可能会被随后的地震动记录所取代，因此需要重新研究设计地震动的取值问题。实际上，2004 年日本新潟县中越地震和 2008 年宫城—岩手内陆地震远远超过了 1995 年兵库县南部地震观测到的最大加速度（参见图 1.33、图 1.45）。因此，在给排水管道的埋设和基础设施的抗震设计中，引入了设计地震动的超越概率的概念。

日本兵库县南部地震后修订的各种抗震设计指南和标准中，对引发等级 2 地震动的地震，分为两类：类型 1 为震级 8 级的板块边界的海洋型地震。该类型的地震已经在兵库县南部地震以前的铁路设施和道路桥梁的抗震设计中考虑。假定震中距为 30 ~ 40km，该震中距是以相模湾为震源的关东地震发生时，东京距震中的距离；类型 2 地震为震级 7 级的极近距离的

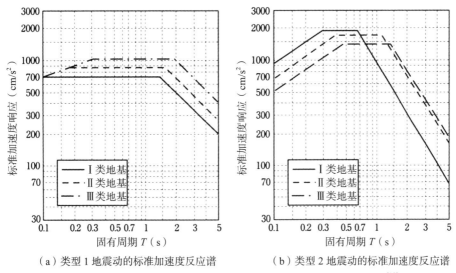

（a）类型 1 地震动的标准加速度反应谱　　　　（b）类型 2 地震动的标准加速度反应谱

图 2.10　《道路桥规范　抗震设计篇》中等级 2 地震动的反应谱[10]

内陆活动断层引起的地震，如兵库县南部地震。1996 年修订的《公路桥梁规范及解说 V 抗震设计篇》[11]中，将这两种地震划分为类型 1 和类型 2，设计中采用的反应谱如图 2.10 所示 [3]。

　　其中，I 类地基、III 类地基如 2.1.3 节所述，分别指坚硬地基和软弱地基。值得注意的是，在内陆断层引起的类型 2 地震中，坚硬地基（I 类地基）的反应谱超过软弱地基（III 类地基）的反应谱。其原因是内陆断层附近引发强烈地震动时，软弱地基的非线性特征减弱了地面的响应。

　　1998 年制定的《铁路结构物等设计标准及解说　抗震设计》中，给出了等级 2 地震动的设定流程图，如图 2.11 所示。该流程图中，首先调查建设地点附近有无内陆危险断层，

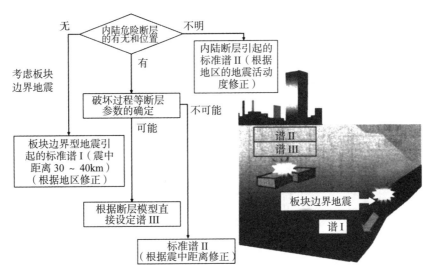

图 2.11　《铁路构造物抗震设计标准及条文说明　抗震设计》中等级 2 地震动的设定方法[11]

如果判定为无，则根据震中距离修正板块边界型的标准谱Ⅰ；若判定有内陆断层，断层的破坏参数也能确定时，依据数值计算直接设定设计地震动。如果断层的破坏参数不能确定时，采用震中距离修正内陆断层的标准谱Ⅱ；若无法确定内陆断层的存在与否，则根据地区的地震活动度修正标准谱Ⅱ。

2.4　地基的动力响应

2.4.1　表层地基引起地震动的放大和卓越周期

图 2.12 表示 2011 年东北地区太平洋近海地震时，在东京湾的填埋地观测到的水平方向加速度记录（图（b））与傅里叶谱（图（c））。如图（a）所示，该观测地点的地基，地表面

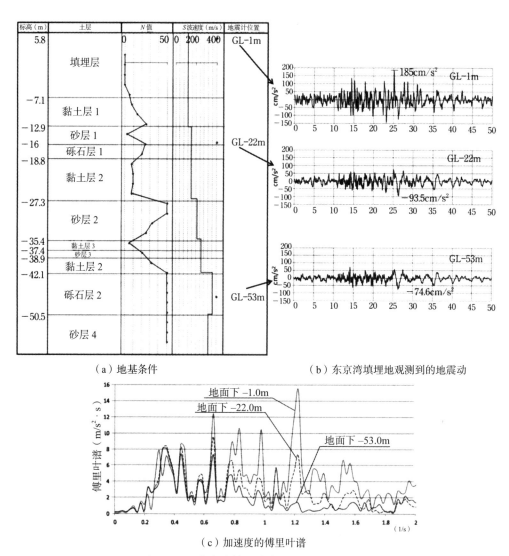

（a）地基条件　　　　　　　　　　　　　　（b）东京湾填埋地观测到的地震动

（c）加速度的傅里叶谱

图 2.12　东京湾填埋地中观测到的地震动

以下 13m 为填埋砂土，地面以下 13~42m 为砂土和黏土的复合地层（含有部分砾石层）。地面 42m 以下为 N 值 50 以上的稳定砾石层（东京砾石层），可视为基岩。基岩以上地层的 S 波速度为 120 ~ 220m/s。

在基岩东京砾石层深度 53m 处、表层地基中深度 22m 以及地表（深度 –1.0m）观测了地震动。如图（b）所示，地表加速度比地下两点的加速度大，表明地震动被放大。地震加速度从深度 53m 的约 74.6cm/s² 增大到地表下 1m 的 185cm/s²。根据图（c）所示加速度记录的傅里叶谱，表明 0.8 ~ 1.6Hz 频率范围的地震动被放大。特别是 1.2Hz 附近的地震动被放大，出现峰值。可以看出，地震动在表层地基受到 :（1）放大作用 ;（2）包含特定周期的地震动显著。

2.4.2　地震波动和传播

如图 2.13 所示，地震波分为体波的 P 波（Primary Wave）、S 波（Secondary Wave），以及面波的瑞利波（Rayleigh Wave）、勒夫波（Love Wave）。P 波、S 波从震源直接传播到地壳和地基中，并到达地表。瑞利波和勒夫波是在体波 P 波、S 波到达地表后沿地表传播，因而被称为面波。

S 波引起的振动为地震动的主要部分，导致大坝和桥梁等一般土木结构物

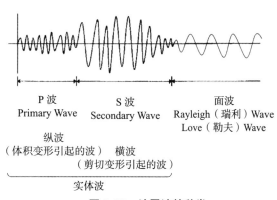

图 2.13　地震波的种类

和中低层建筑物发生振动。这是因为 S 波的周期大概在 1s 以下，与这些结构物的固有周期是一致的。

瑞利波和勒夫波的周期一般为数秒，被深厚地基土放大，引起具有长固有周期的大型储油罐内液体的晃动。此外，也影响超高层建筑物，吊桥等的抗震性能。长周期地震动引起储油罐内液体的晃动及关于储油罐火灾的事例，参见 1.3.4 节，另外，长周期地震动储油罐抗震设计已在本章 2.2.3 节 "长周期地震动" 中详述。

如图 2.14(a)所示,设 S 波沿垂直方向在均匀的表层地基中传播,S 波传播的波动方程式,如图（b）所示，根据 z 处地基微元体的受力平衡可以求得。

微元体的受力平衡方程为

$$\left(\tau + \frac{\partial \tau}{\partial z}\mathrm{d}z\right)A - \tau A - \rho A \cdot \mathrm{d}z \cdot \frac{\partial^2 U}{\partial t^2} = 0 \qquad （2.24）$$

式中，$U(t, z)$ 为波动传播引起的水平位移，是时间 t 和垂直坐标 z 的函数。A、$\mathrm{d}z$ 分别为微元体的面积和厚度，ρ 为地基密度，τ 为作用于微元体的剪应力，地基的剪应变可表示为 $\partial U/\partial z$，G 为地基的剪切模量。

$$\tau = G \cdot \frac{\partial U}{\partial z} \qquad （2.25）$$

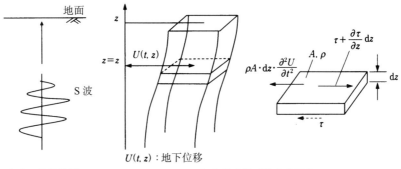

（a）S 波的传播　　　　　　　　（b）微小单元体力的平衡

图 2.14　S 波的传播和波动方程

如果取 G 为定值，可得

$$\frac{\partial^2 U}{\partial t^2} - V_s \frac{\partial^2 U}{\partial z^2} = 0 \tag{2.26}$$

其中，V_s 为

$$V_s = \sqrt{\frac{G}{\rho}} \tag{2.27}$$

表示波动的传播速度。

满足式（2.25）的解，如下式所示：

$$U(t, z) = F\left(t - \frac{z}{V_s}\right) \tag{2.28}$$

$$U(t, z) = D\left(t + \frac{z}{V_s}\right) \tag{2.29}$$

如图 2.15 所示，这两个解分别表示沿 z 轴正、负方向传播的波动。式（2.28）表示沿 z 轴正方向传播的前进波，式（2.29）表示沿 z 轴负方向传播的后退波。

如图 2.16 所示，在厚度 H 的表层地基输入地震动位移 $y(t)$，设从基岩到地基的相对位移为 $u(t, z)$，则绝对位移 $U(t, z)$ 为

$$U(t, z) = u(t, z) + y(t) \tag{2.30}$$

因此，式（2.26）变为

$$\frac{\partial^2 u}{\partial t^2} - V_s^2 \frac{\partial^2 u}{\partial z^2} = -\frac{\mathrm{d}^2 y}{\mathrm{d} t^2} \tag{2.31}$$

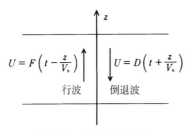

图 2.15　行波和倒退波

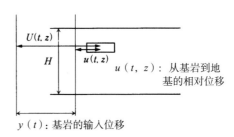

图 2.16　表层地基的响应

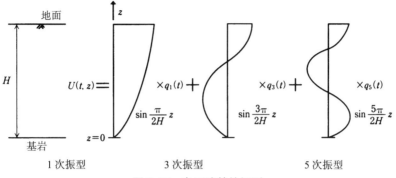

图 2.17　表层地基的振型

式（2.31）解答为

$$u(t, z) = \sum_{i=1,3,5\cdots}^{\infty} q_i(t) \cdot \sin \frac{i\pi}{2H} z \tag{2.32}$$

式中，$\sin \dfrac{i\pi}{2H}$ 是如图 2.17 所示第 i 阶的振型，任意振型满足的边界条件：$z = 0$（基岩位置），位移为 0；$z = H$（地表面），剪应力和剪应变为 0。$q_i(t)$ 是第 i 阶振动的时间函数。

把式（2.32）代入式（2.31），可得

$$\sum_{i=1,3,5\cdots}^{\infty} \ddot{q}_i(t) \cdot \sin \frac{j\pi}{2H} z + V_{\mathrm{s}}^2 \sum_{i=1,3,5\cdots} \left(\frac{i\pi}{2H} \right)^2 q_i(t) \cdot \sin \frac{i\pi}{2H} z = -\frac{\mathrm{d}^2 y}{\mathrm{d} t^2} \tag{2.33}$$

上式乘以 $\sin \dfrac{j\pi}{2H} z$，如果在 $z = 0 \sim 2H$ 的区间内积分，利用振型三角函数的正交性，如果用 i 替换 j，可得

$$\ddot{q}_i(t) + \omega_i^2 q_i(t) = -\frac{4}{i\pi} \frac{\mathrm{d}^2 y}{\mathrm{d} t^2} \tag{2.34}$$

式中，ω_i 为第 i 阶振型的圆频率

$$\omega_i = \frac{i V_{\mathrm{s}} \pi}{2H} \qquad i = 1, 3, 5\cdots \tag{2.35}$$

第 i 阶振动的固有周期为

$$T_i = \frac{4H}{i V_{\mathrm{s}}} \qquad i = 1, 3, 5\cdots \tag{2.36}$$

其中 $i = 1$，即一阶固有周期 $T_1 = 4H/V_{\mathrm{s}}$，通常为观测地震动的卓越周期。因为地基的阻尼特性，在式（2.34）中考虑阻尼项后，可得

$$\ddot{q}_i(t) + 2\omega_i h_i \dot{q}_i(t) + \omega_i^2 q_i(t) = -\frac{4}{i\pi} \frac{\mathrm{d}^2 y}{\mathrm{d} t^2} \tag{2.37}$$

式中，h_i 是第 i 阶振动的临界阻尼系数。

如图 2.18 所示，若表层地基由剪切刚度和密度相异的复合土层组成，则作为推定表层地基固有周期的简便方法，有以下两种方法。

$$T = \frac{4 \sum_{i=1}^{n} H_i}{\overline{V}_{\mathrm{s}}} \tag{2.38}$$

式中，$\overline{V}_{\mathrm{s}}$ 为 S 波考虑表层地基厚度的加权平均传播速度。

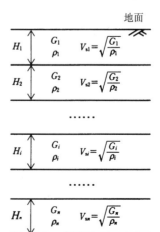

图 2.18　多层地基卓越周期的计算

$$\overline{V}_s = \frac{\sum\limits_{i=1}^{n} H_i V_{si}}{\sum\limits_{i=1}^{n} H_i}$$

（2.39）

式中，T 为表层地基的固有周期，H_i 为第 i 层土的厚度。

V_{si} 为第 i 层土的剪切波速，即

$$V_{si} = \sqrt{\frac{G_i}{\rho_i}}$$

（2.40）

式中，G_i 和 ρ_i 分别为第 i 层土的剪切模量和密度。

此外，求解表层地基固有周期的简便方法可由下式给出。

$$T = \sum_{i=1}^{n} \frac{4 H_i}{V_{si}}$$

（2.41）

在《道路桥规范及解说 V 抗震设计篇》[3] 中，根据地基特征值 T_G（s）判断地基类型，特征值 T_G 为表层地基的一阶固有周期，地基类型的判断标准如下：

Ⅰ 类　　　　$T_G < 0.2s$

Ⅱ 类　　　　$0.2s < T_G < 0.6s$

Ⅲ 类　　　　$0.6s < T_G$

2.4.3 质点系的动力分析

20 世纪 70 年代开始，电子计算机技术促进了结构物和地基的动力响应计算方法的发展，并在抗震设计中得到应用。其中，多数方法是将结构物视为质点、地基视为弹簧的多质点体系进行响应计算。图 2.19 为复合土层所构成的表层地基的质点系模型。振动方程式为

$$\begin{bmatrix} m_1 & & & & \\ & m_2 & & 0 & \\ & & \ddots & & \\ & 0 & & \ddots & \\ & & & & m_n \end{bmatrix} \begin{Bmatrix} \ddot{x}_1(t) \\ \ddot{x}_2(t) \\ \cdot \\ \cdot \\ \ddot{x}_n(t) \end{Bmatrix} + \begin{bmatrix} c_1 & -c_1 & & & \\ -c_1 & c_1+c_2 & & 0 & \\ & & \ddots & & \\ & 0 & & \ddots & \\ & & & & c_{n-1}+c_n \end{bmatrix} \begin{Bmatrix} \dot{x}_1(t) \\ \dot{x}_2(t) \\ \cdot \\ \cdot \\ \dot{x}_n(t) \end{Bmatrix}$$

$$+ \begin{bmatrix} k_1 & -k_1 & & & \\ -k_1 & k_1+k_2 & & 0 & \\ & & \ddots & & \\ & 0 & & \ddots & \\ & & & & k_{n-1}+k_n \end{bmatrix} \begin{Bmatrix} x_i(t) \\ \cdot \\ \cdot \\ \cdot \\ x_n(t) \end{Bmatrix} = - \begin{bmatrix} m_1 & & & & \\ & m_2 & & 0 & \\ & & \ddots & & \\ & 0 & & \ddots & \\ & & & & m_n \end{bmatrix} \begin{Bmatrix} 1 \\ 1 \\ \cdot \\ \cdot \\ 1 \end{Bmatrix} \ddot{y}(t)$$

（2.42）

式中，$x_i(t)$、$\dot{x}_i(t)$、$\ddot{x}_i(t)$ 分别表示 i 质点相对基岩的相对位移、相对速度、相对加速度，$\ddot{y}(t)$ 表示基岩的输入加速度。m_i 为 i 质点的质量，k_i 为连接 i 质点和 $i+1$ 质点的地基弹簧系数，可按下式求得：

$$m_i = \frac{1}{2}(\rho_{i-1}H_i + \rho_i H_i) \cdot A$$

$$k_i = \frac{G_i A}{H_i}$$

（2.43）

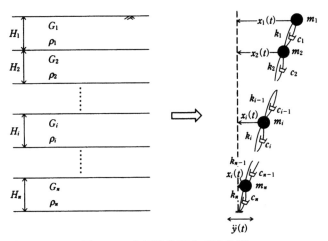

图 2.19　多层地基质点系的模型

式中，A 为模型地基的表面积，一般取单位面积。

c_i 是质点 i 和 $i+1$ 间的黏滞阻尼系数，如后述，与质量 m_i 或地基弹簧常数 k_{i-1}，k_i 成比例。

$$[\boldsymbol{M}] = \begin{bmatrix} m_1 & & & & \\ & m_2 & & 0 & \\ & & \ddots & & \\ & & & m_i & \\ 0 & & & & \ddots \\ & & & & & m_n \end{bmatrix} \qquad [\boldsymbol{C}] = \begin{bmatrix} c_1 & -c_1 & & & \\ -c_1 & c_1+c_2 & & 0 & \\ & & \ddots & & \\ & & & \ddots & \\ 0 & & & & \\ & & & & c_{n-1}+c_n \end{bmatrix}$$

$$[\boldsymbol{K}] = \begin{bmatrix} k_1 & -k_1 & & & \\ -k_1 & k_1+k_2 & & 0 & \\ & & \ddots & & \\ & & & \ddots & \\ 0 & & & & \\ & & & & k_{n-1}+k_n \end{bmatrix} \qquad \{\boldsymbol{x}\} = \begin{Bmatrix} x_1 \\ x_2 \\ \vdots \\ \vdots \\ x_n \end{Bmatrix} \qquad （2.44）$$

可得

$$[\boldsymbol{M}] \cdot \{\ddot{\boldsymbol{x}}\} + [\boldsymbol{C}] \cdot \{\dot{\boldsymbol{x}}\} + [\boldsymbol{K}] \cdot \{\boldsymbol{x}\} = -[\boldsymbol{M}] \cdot \{\boldsymbol{1}\} \cdot \ddot{y}(t) \qquad \{\boldsymbol{1}\} = \begin{Bmatrix} 1 \\ 1 \\ \vdots \\ 1 \end{Bmatrix} \qquad （2.45）$$

式中，$[M]$、$[C]$、$[K]$ 分别表示质量矩阵、阻尼矩阵以及刚度矩阵；$\{\ddot{x}\}$、$\{\dot{x}\}$、$\{x\}$ 分别表示加速度矢量、速度矢量、位移矢量。$\{1\}$ 为单位矢量。

给出基岩的输入加速度，求解公式（2.45）的方法有：①对时间域的直接积分法；②通过傅里叶变换的频域积分法；③振动模态计算法，考虑地基和结构物的参数非线性特性，常用对时间域的直接积分法。

（1）直接积分法

如图 2.20 所示，在 $t = t_{j-1}$、$t = t_j$ 时，已知 $x_i\,(t_{j-1})$、$x_i\,(t_j)$，$i = 1 \sim n$ 的情况下，可求得

$x_i(t_{j+1})$，$i = 1 \sim n$。如图所示，若等间隔划分时间为 ΔT 时，则速度矢量为

$$\{\dot{\boldsymbol{x}}(t_j)\} = [\{\boldsymbol{x}(t_{j+1})\} - \{\boldsymbol{x}(t_j)\}] / \Delta t \tag{2.46}$$

同理，加速度矢量为

$$\{\ddot{\boldsymbol{x}}(t_j)\} = [\{\boldsymbol{x}(t_{j+1})\} + \{\boldsymbol{x}(t_{j-1})\} - 2\{\boldsymbol{x}(t_j)\}] / \Delta t^2 \tag{2.47}$$

将式（2.46）、式（2.47）代入式（2.44），可得

$$[\boldsymbol{M}] \cdot [\{\boldsymbol{x}(t_{j+1})\} + \{\boldsymbol{x}(t_{j-1})\} - 2\{\boldsymbol{x}(t_j)\}] / \Delta t^2 + [\boldsymbol{C}] \cdot [\{\boldsymbol{x}(t_{j+1})\} - \{\boldsymbol{x}(t_j)\}] / \Delta t + [\boldsymbol{K}] \cdot \{\boldsymbol{x}(t_j)\}$$
$$= -[\boldsymbol{M}] \cdot \{\boldsymbol{1}\} \cdot \ddot{y}(t_j) \tag{2.48}$$

已知 $\{x(t_{j-1})\}$、$\{x(t_j)\}$ 及 t_j 时刻的输入加速度 $\ddot{y}(t_j)$，可以求出 $\{x(t_{j+1})\}$，同理可依次求出 $\{x(t)\}$ 的时程。

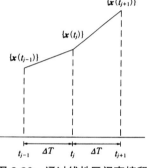

图 2.20　通过线性区间直接积分法求解振动方程

（2）根据傅里叶变换的方法

位移矢量 $\{x(t)\}$ 第 i 个元素 $x_i(t)$ 的傅里叶变换 $X_i(\omega)$ 为

$$X_i(\omega) = \int_{-\infty}^{\infty} x_i(t) \cdot \mathrm{e}^{-i\omega t} \cdot \mathrm{d}\omega \tag{2.49}$$

因此，位移矢量 $\{x(t)\}$ 的傅里叶变换 $\{X(\omega)\}$ 为

$$\{\boldsymbol{X}(\omega)\} = \begin{Bmatrix} X_1(\omega) \\ X_2(\omega) \\ \vdots \\ X_n(\omega) \end{Bmatrix} \tag{2.50}$$

速度矢量 $\{\dot{x}(t)\}$ 以及加速度矢量 $\{\ddot{x}(t)\}$ 的傅里叶变换可表示为

$$\begin{aligned} -i\omega\{\boldsymbol{X}(\omega)\} \\ -\omega^2\{\boldsymbol{X}(\omega)\} \end{aligned} \tag{2.51}$$

若对式（2.45）进行傅里叶变换，则

$$-\omega^2[\boldsymbol{M}] \cdot \{\boldsymbol{X}(\omega)\} - i\omega[\boldsymbol{C}] \cdot \{\boldsymbol{X}(\omega)\} + [\boldsymbol{K}] \cdot \{\boldsymbol{X}(\omega)\} = -[\boldsymbol{M}] \cdot \{\boldsymbol{1}\} \cdot Y(\omega) \tag{2.52}$$

其中，$Y(\omega)$ 为输入加速度 $\ddot{y}(t)$ 的傅里叶变换。

根据式（2.52）可得

$$\{\boldsymbol{X}(\omega)\} = \{\omega^2[\boldsymbol{M}] + i\omega[\boldsymbol{C}] - [\boldsymbol{K}]\}^{-1} \cdot [\boldsymbol{M}] \cdot \{\boldsymbol{1}\} \cdot Y(\omega) \tag{2.53}$$

位移矢量 $\{x(t)\}$ 第 i 个元素 $x_i(t)$ 可用下式对 $X_i(\omega)$ 进行逆变换求得。

$$x_i(t) = \frac{1}{2\pi} \int_{-\infty}^{\infty} X_i(\omega) \cdot \mathrm{e}^{i\omega t} \cdot \mathrm{d}\omega \tag{2.54}$$

（3）振型计算法

若式（2.45）中无阻尼项，且地基输入为 0 的自由振动，可得

$$[\boldsymbol{M}] \cdot \{\ddot{\boldsymbol{x}}\} + [\boldsymbol{K}] \cdot \{\boldsymbol{x}\} = \{\boldsymbol{0}\} \tag{2.55}$$

如果

$$\{\boldsymbol{x}\} = \{\boldsymbol{X}\} \cdot \mathrm{e}^{i\omega t} \tag{2.56}$$

可得

$$-\omega^2 \cdot [\boldsymbol{M}] \cdot \{\boldsymbol{X}\} + [\boldsymbol{K}] \cdot \{\boldsymbol{X}\} = \{\boldsymbol{0}\} \tag{2.57}$$

$\{X\}$ 表示自由振动的振型，ω 为固有圆频率。式（2.57）成为

$$\omega^2 \cdot \{X\} = [M]^{-1}[K] \cdot \{X\} \qquad (2.58)$$

上式为矩阵 $[M]^{-1}[K]$ 的固有值问题。

满足式（2.58）的 ω 有 n 个解，与此对应可求出振型 $\{X\}$ 为

$$\begin{array}{llll} 1\ 次振动 & \omega_1 & X_{11},\ X_{21}\cdots\cdots X_{n1} \\ & & \vdots \\ i\ 次振动 & \omega_i & X_{1i},\ X_{2i}\cdots\cdots X_{ni} \\ & & \vdots \\ n\ 次振动 & \omega_n & X_{1n},\ X_{2n}\cdots\cdots X_{nn} \end{array} \qquad (2.59)$$

式中，X_{ji} 表示第 i 阶振动时 j 质点的振型值。第 i 阶振动的振型为

$$\{X\}_i = \left\{ \begin{array}{c} X_{1i} \\ X_{2i} \\ \vdots \\ X_{ni} \end{array} \right\} \qquad (2.60)$$

$\{X\}_i$ 满足下式：

$$-\omega_i^2 \cdot [M] \cdot \{X\}_i + [K] \cdot \{X\}_i = \{0\} \qquad (2.61)$$

同样第 j 阶振动的振型 $\{X\}_j$ 满足下式：

$$-\omega_j^2 \cdot [M] \cdot \{X\}_j + [K] \cdot \{X\}_j = \{0\} \qquad (2.62)$$

对式（2.61）、式（2.62）分别乘以 $\{X\}_j$、$\{X\}_i$ 的转置矩阵 $\{X\}_j^T$、$\{X\}_i^T$，可得

$$-\omega_i^2 \{X\}_j^T \cdot [M] \cdot \{X\}_i + \{X\}_j^T \cdot [K] \cdot \{X\}_i = 0 \qquad (2.63)$$

$$-\omega_j^2 \{X\}_i^T \cdot [M] \cdot \{X\}_j + \{X\}_i^T \cdot [K] \cdot \{X\}_j = 0 \qquad (2.64)$$

其中，$\{X\}_j^T \cdot [K] \cdot \{X\}_i$ 和 $\{X\}_i^T \cdot [K] \cdot \{X\}_j$ 都是标量。因此

$$(\{X\}_j^T \cdot [K] \cdot \{X\}_i)^T = \{X\}_j^T \cdot [K] \cdot \{X\}_i \qquad (2.65)$$

可得

$$\{X\}_i^T \cdot [K]^T \cdot \{X\}_j = \{X\}_j^T \cdot [K] \cdot \{X\}_i \qquad (2.66)$$

因刚度矩阵 $[K]$ 为对称矩阵，则

$$\{X\}_i^T \cdot [K] \cdot \{X\}_j = \{X\}_j^T \cdot [K] \cdot \{X\}_i \qquad (2.67)$$

同样，质量矩阵 $[M]$ 为对角矩阵，可得

$$\{X\}_i^T \cdot [M] \cdot \{X\}_j = \{X\}_j^T \cdot [M] \cdot \{X\}_i \qquad (2.68)$$

式（2.63）减去式（2.64），可得

$$(\omega_j^2 - \omega_i^2) \cdot \{X\}_j \cdot [M] \cdot \{X\}_i = 0 \qquad (2.69)$$

如果 $\omega_i \neq \omega_j$，即 $i \neq j$，则

$$\{X\}_j \cdot [M] \cdot \{X\}_i = 0 \qquad (2.70)$$

代表振型的正交性。同样可得

$$\{X\}_j \cdot [K] \cdot \{X\}_i = 0 \qquad (2.71)$$

振型计算法是利用各振型间的正交性，求解多元振动方程的方法。式（2.45）的解为

$$\{x\} = [\{X\}_1 \ \{X\}_2 \ \cdots \ \{X\}_i \ \cdots \ \{X\}_n] \cdot \begin{Bmatrix} q_1(t) \\ q_2(t) \\ \vdots \\ q_i(t) \\ \vdots \\ q_n(t) \end{Bmatrix} \tag{2.72}$$

式中，$\{X\}_i$ 为第 i 阶振型，$q_i(t)$ 为第 i 阶振动的时间函数。阻尼矩阵 $[C]$ 与质量矩阵 $[M]$ 和刚度矩阵 $[K]$ 成比例，将式（2.72）代入式（2.45），利用上述的振型正交性，可得

$$\ddot{q}_i + 2\omega_i h_i \dot{q}_i + \omega_i^2 q_i = -\frac{\{X\}_i^{\mathrm{T}} \cdot [M] \cdot \{1\}}{\{X\}_i^{\mathrm{T}} \cdot [M] \cdot \{X\}_i} \ddot{y}(t) \tag{2.73}$$

式中，h_i 为第 i 阶振动的临界阻尼系数，可根据阻尼矩阵 $[C]$ 求得，一般常直接确定 h_i。根据各质点的质量 $m_1 \sim m_n$，式（2.73）的右端项为

$$-\frac{\{X\}_i^{\mathrm{T}} \cdot [M] \cdot \{1\}}{\{X\}_i^{\mathrm{T}} \cdot [M] \cdot \{X\}_i} \ddot{y}(t) = -\frac{\sum\limits_{j=1}^{n} m_j X_{ji}}{\sum\limits_{j=1}^{n} m_j X_{ji}^2} \ddot{y}(t) \tag{2.74}$$

右边的分数部分称为振型的激励函数。激励函数越大，振动次数越高，其对质点系的振动影响越大。式（2.73）与式（2.7）所示的单一质点系的动力响应式相同，若给定输入地震动 $\ddot{y}(t)$，可求得 $q_i(t)$ 的时程，代入式（2.72），可计算出响应位移矢量 $\{x(t)\}$。

2.5　抗震加固

兵库县南部地震后，日本土木学会对现有社会基础设施的抗震调查和抗震加固给出了以下建议：（1）根据兵库县南部地震的受灾经验，对现存结构物进行抗震调查，根据紧急程度确定优先顺序，立即进行必要的加固；（2）抗震加固的目标是与新建结构物相同，加强关于抗震调查和加固技术的研究与开发。

日本建筑学会提出"有必要开发对现存不合格建筑物及古建筑物的调查和加固的有关技术"。

另外，在 1995 年 7 月 7 日修订的政府防灾基本规划中，关于生命线设施，提出了"基于受灾预测结果的主要设施抗震化"的重要课题[10]。

根据上述建议，对桥梁、地铁、护岸、道路填土、铁路填土及各种生命线等社会基础设施和建筑物实施了抗震加固。本节主要介绍关于土木结构物的抗震加固。关于防止液化及地基流动的地基和基础的加固方法将在本书 3.3 节和 4.4 节中叙述。

2.5.1　混凝土桥墩的抗震加固

兵库县南部地震造成众多混凝土桥墩倒塌。地震后对道路桥墩、铁路高架桥等约 16000 个桥墩进行了抗震加固。混凝土桥墩的加固方法主要有如图 2.21 所示的外包钢板（图（a））和外包钢筋混凝土（图（b））。新干线、普通铁路干线的高架桥、地铁的中间柱以及高速公路的混凝土桥墩的外包钢板加固如照片 2.4 所示，若地铁的混凝土中间柱发生剪切破坏，将

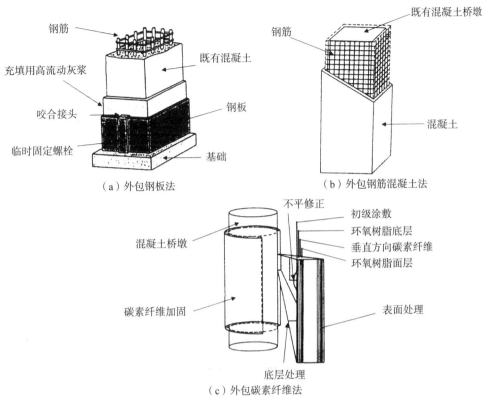

（a）外包钢板法

（b）外包钢筋混凝土法

（c）外包碳素纤维法

图 2.21 混凝土桥墩的加固

（a）上越新干线高架桥墩的加固

（b）地铁中心柱的加固

（c）高速公路桥墩的加固

照片 2.4 混凝土桥墩加固事例

导致整体倒塌，因此对东京等大都市圈地铁的 3000 根混凝土柱进行了加固。为了弥补现有施工的不足，开发并采用了芳纶纤维和碳纤维 [图 2.21（c）]、PC 钢棒加固方法。此外，在钢构桥桥墩间设置抗震墙，或通过设置减震器等方法来进行加固。

根据桥墩模型的加载试验，混凝土柱外包钢板与未采取加固措施的相比，随着强度增加韧性也大幅增加。

2.5.2　土工结构物（河道堤防、填土、土坝）的抗震加固

照片 2.5　Niteko 水库堰堤的滑塌
（1995 年兵库县南部地震）

如照片 2.5 所示，1995 年兵库县南部地震时，日本西宫市的 Niteko 水库堰堤的中堤发生了滑塌。由于堰堤填土及基础地基的 N 值在 10 以下，断层附近强烈的地震动引起了圆弧滑动的发生。堰堤高约 15m，位于西宫市的住宅区，下游房屋密集，幸运的是地震发生时水位较低，避免了库水溢流到住宅区。该水库堰堤受损后，日本东京都水道局对东京都水源水库，即山口水库（狭山湖）和村山水库（多摩湖）的两个土坝进行了抗震加固[12]，如图 2.22 所示。两个土坝的高分别为 34.6m、32.6m。修建时，土坝周围是山林和农业用地，随着住宅区的开发，下游区域人口显著增加，为确保附近断层发生等级 2 的地震时，大坝、供水的安全，以及附近居民的生命和财产安全，进行了抗震加固。为增加地震时坝体表面滑动的稳定性，通过增加填土对原有的土坝表面进行了加固。如图 2.22 所示，在山口水库上、下游表面均采用填土进行

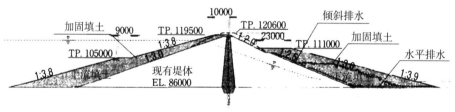

（a）山口储水池（利用填土加固）

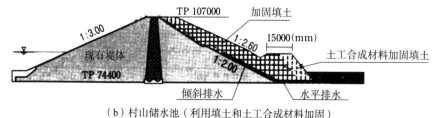

（b）村山储水池（利用填土和土工合成材料加固）

图 2.22　土坝的抗震加固（东京都水道局）[12]

了加固（图（a）），另外，因为村山水库填土的坡脚部分为公园用地，在坡脚斜面采用了土工合成材料加固的方法（图（b））。通过增加填土增大了坝体的有效应力，降低了斜面坡度，达到了增加抗滑稳定性的目的。

2.6　地表地震断层的应对措施

　　日本存在着超过 2000 个的活动断层。文部科学省的地震调查研究推进总部对其中活动性高的 98 个断层带进行了持续调查。地壳内的活动断层导致的破坏出现在地表的话，称为地表地震断层或者简称为地震断层。日本在过去大约 130 年间，出现在地表的地震断层事例如表 2.2 所示。其中，地表面发生最大断层位移量的是 1881 年的浓尾地震。该地震中，根尾谷断层造成了地表水平方向 6.0m，垂直方向 4.0m 的错位。在 1995 年兵库县南部地震中，淡路岛的北淡町出现了水平方向 1.8m，垂直方向 1.6m 的错位，形成了野岛断层。1999 年土耳其 Kocaeli 地震引起高速公路桥的倒塌及 1999 年中国台湾集集地震引起混凝土坝的破坏，皆因地表地震断层所致，幸运的是日本还没有发生因地表地震断层引起重要结构物直接受损的情况。

　　但是，在如表 2.2 所示的地震断层中，1930 年北伊豆地震时，施工中的东海道铁路丹那隧道和断层交错发生了掌子面坍塌；1978 年伊豆大岛近海地震时，稻取—大峰山断层和伊豆急的稻取隧道交错，混凝土衬砌遭到破坏，砂土流入了隧道内，轨道上浮 50cm，水平扭曲约 50cm[13]。

　　保护重要结构物免受地震断层破坏是今后的重要课题，具体的应对措施是非常困难的。东海道新干线的富士河桥梁是为数不多的日本应对地震断层的实例之一。富士河河口附近的右岸一侧存在活动度 A 的入山濑断层。东海地震导致该断层移动，根据对新干线富士河桥

日本的地表地震断层（1981 ~ ）　　　　　　　　　　表 2.2

年份	地震	断层	断层位移	
			V：垂直	H：水平
1881	浓尾地震	根尾谷断层	4.0m	6.0m
1896	陆羽地震	千屋断层	3.5m	
1923	关东地震	延命寺断层	1.9m	1.2m
1925	但马地震	田结断层	1.0m	
1927	北丹后地震	后村断层	0.5m	3.0m
1930	北伊豆地震	丹那断层	1.8m	3.5m
1938	屈斜路地震	屈斜路断层	0.9m	2.6m
1943	岛取地震	鹿野断层	0.5m	1.5m
1945	三河地震	深沟断层	2.0m	1.3m
1948	福井地震	福井地震断层	0.7m	2.0m
1978	伊豆大岛近海地震	稻取 - 大峰山断层	0.36m	1.15m
1995	兵库县南部地震	野岛断层	1.6m	1.8m

梁的影响的研究，以及富士河断层的移动量，通过数值分析模拟了地基位移引起桥梁的破坏情况。在此基础上，如照片 2.6 所示，为防止垮桥，在增宽桥座（照片（a））的同时，制作了桁架及支撑的备用构件，放置在桥梁附近的仓库里（照片（b））。这些措施是以新干线的及时修复为目的，并不是以确保高速铁路的行走安全为目的。确保在地震断层上诸如新干线高速铁路的运行安全一般比较困难，特别是在隧道内和地震断层交错时，虽然担心运行的安全性，但很难采取有效的应对措施。

山阳新干线新神户车站的高架桥建设是应对活动断层的又一实例[14]。通过开挖基础岩体，发现了活动断层的存在，如图 2.23 所示。根据地质调查，了解到过去 1 万年间在垂直

(a) 为防止落梁增宽桥座   (b) 结构部件的储备仓库

照片 2.6   东海道新干线地表断层的对策

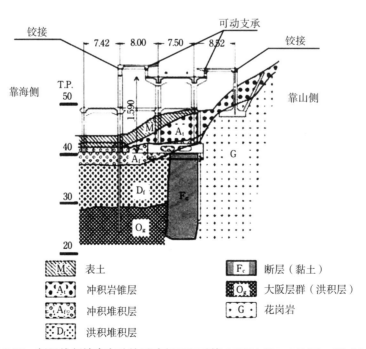

图 2.23   新干线新神户车站的活动断层和对策（根据文献 [14] 的图加工修改）

方向发生了 70cm 以上的断层位移。因此，如图所示在站台和高架桥之间采用可动支撑，通过铰接连接站台的楼板和柱。这些措施能抵御断层的垂直位移及伴随的旋转变形，但无法确保新干线的运行安全。

其他国家也有应对地表地震断层的事例，美国奥克兰市的 EBMUD（East Baymunicipal Utility District）的水源之一是位于该市西面的 Padee 水库（图 2.24（a））。引水干线从水源地一直铺设到奥克兰市。该引水干线与活动度极高的海沃德断层交叉，并在交叉处修建供水干线通过的隧道。EBMUD 在与断层交叉的隧道内设置了可挠性管和紧急隔断阀，如图（b）所示。另外，在配备送水备用管的同时，在供给区域的南面重新建设了南干线，形成了输水管网，如图（a）所示。这些对策只有在能够准确推断活动断层的位置时才有效。像日本东京等大都市圈那样，表层地基由厚堆积物所构成，很难确定活动断层引起表层地基的破坏位置，因此无法采用类似的应对措施。

在新西兰的南岛 Clutha 河上建设的 Clyde 大坝为高 102m 的混凝土重力坝，在开挖大坝基岩时发现了活动断层。因此，在大坝中部的垂直断面设置了防水的滑动接头。该接头能够抵御水平方向 2m、垂直方向 1m 的断层位移[15]。

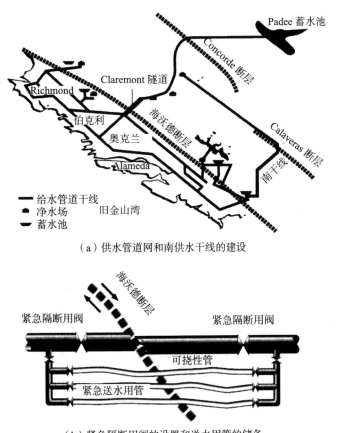

（a）供水管道网和南供水干线的建设

（b）紧急隔断用阀的设置和送水用管的储备

图 2.24 美国 EBMUD（East Baymunicipal Utility District）的活动断层对策

照片 2.7　新西兰南岛的 Clyde 大坝
（坝高 102m，在照片中混凝土重力坝箭头符号的位置设置了滑动铰接）

2.7　核能发电站的抗震设计

2.7.1　东京电力福岛第一核能发电站的重大事故

在本书写作时，2011 年东北地区太平洋近海地震造成日本东京电力福岛第一核能发电站事故的影响尚不完全清楚。完全消除事故所造成的影响可能需要数十年的时间。放射性物质引起的污染不仅在福岛县，还扩大到了日本东北地区以及关东地区的广大范围，目前尚未有防治污染的措施。

针对地震等异常事态的发生，确保核能发电站安全的大原则有三点：一、停止核反应；二、冷却核燃料到"冷温停止状态"；三、将放射性物质密闭在核反应堆压力容器内。但是，福岛第一核能发电站的 1 号机 ~ 4 号机虽然在插入控制棒后成功停机，但外部电源以及紧急备用电源全部失灵，冷却系统无法工作。另外，核燃料的溶解和核反应堆建筑物中的氢气爆炸造成密闭失败，大量的放射性物质逸出，放射性污染扩大；大量受污染的水流入到海洋，增大了鱼贝类污染的危险性。受放射性污染的涡轮房内的水经过去污后，返回到核反应堆，利用该循环冷却系统对核反应堆和核燃料进行了冷却。

毫无疑问，发生福岛第一核能发电站重大事故的原因是在设计上未能准确估计地震动强度和海啸的高度。未来日本核能发电能否像以前一样继续使用，取决于是否可以恢复国民对于核能发电的信赖，因此有必要对估计地震动强度和海啸高度的失败原因进行彻底的总结。在此基础上，有必要对全国核能发电站设计阶段所估计的地震强度和海啸高度进行全面检查，并提出抗震、抗海啸的加固措施。

为了让日本核能发电持续下去，必须获取大部分国民的同意。因此，有必要对事故原因进行简单易懂的说明并明确今后的抗震、抗海啸对策。

近年来，亚洲等发展中国家正在积极开展核能发电。在全球范围内推进核能发电的大趋势下，一旦发生重大事故，其影响将波及到全世界广大范围。各国核能发电站抵御地震、海啸的安全性要求是遵照各自国家制定的标准及 IAEA（International Atomic Energy Agency,

国际原子能机构）的指南。虽然日本不幸遭受了福岛第一核能发电站的事故，但获得的经验可以作为提高核能发电站抗震、抗海啸的参考。

作为多年国家核反应堆安全审查委员会的委员，作者除参加了很多核能发电站抗震性的审查外，还负责早稻田大学和东京都市大学 2010 年设置的共同研究生院核能工学专业《核能抗震工学》的授课。作为长期从事核能发电站抗震安全性的研究者，将在本节对核能发电站抗震设计的现状和课题展开叙述。

2.7.2　核能发电站抗震设计流程和活动断层的调查 [16]

核能发电站的抗震设计流程如图 2.25 所示。其中，建筑用地周围的活动断层调查（图中②）对设定抗震设计用的基准地震动具有十分重要的作用，必须严格实施。根据周边地区活动断层调查的现有资料等，确定对核能发电站的抗震性有影响的活动断层。随后开展了航拍等的区域断裂线调查、岩体露头观察、起振器等物理探测及挖掘沟渠调查，在核能发电站的附近区域，主要利用声波探测等实施调查。

但是，在设计阶段发现对核能发电站抗震性有影响的全部活动断层是很困难的。像本书 1.3.7 节"2007 年新潟县中越近海地震"以及 1.3.8 节"2008 年岩手—宫城内陆地震"所叙述的那样，未能发现活动断层的区域，常常成为地震震源的发生地。

海域活动断层的调查更加困难，很容易发生活动断层漏判的错误。2007 年新潟县中越近海地震，造成了东京电力柏崎刈羽核能发电站的变压器起火，冷却燃料用池水晃动溢出等事故。如图 1.40 所示，新潟中越近海地震是被判定为"死断层"的海域断层所引起的。如图 1.41 所示，在反应堆建筑物底板上观测到的地震动远远超过设计用的地震动值，说明推算设计用地震动的活动断层评价方法是存在问题的。

同样的事例发生在 2007 年能登半岛地震中。志贺核能发电站在设计、施工过程中确定了活动断层的存在，如图 1.37 所示，但漏判了引起能登半岛地震的海域断层，地震发生后才被确定。柏崎刈羽核能发电站和志贺核能发电站的事例表明，对活动断层、特别是海域的活动断层的调查存在很大困难。

2.7.3　地基基础以及结构物、机器等的抗震设计

选定作为抗震设计对象的活动断层，根据其规模及其到发电站的距离和地基性质，决定抗震设计用的基准地震动（图 2.25 中④），针对基准地震动，研究地基地震时的稳定性。为此，需要调查反应堆建筑物等地基基础的强度、刚度及裂缝和软弱夹层。如图 2.26 所示，建立有限单元模型，计算地基基础的滑动和变形量（图中⑤）。

随后，计算反应堆建筑物等结构物的动力响应（图中⑥）。在验算抗震性能的同时，推算出反应堆建筑物等各楼层的地震动。利用各楼层的地震动对设置在其上的机器、配管进行抗震计算（图中⑦）。

另外，核能发电站发生重大事故时，为让海水淹没反应堆，建设了紧急用冷却水的取水管路。该取水管路一般为混凝土的箱形断面，内部铺设取水用的钢管，属地下结构物，参见5.6节"反应位移法"所述内容，输入地基位移进行设计。

核能发电站后面一般常存在斜坡。在抗震设计时也要研究斜坡滑塌后，滑塌砂土不会对反应堆建筑物和涡轮房产生重大影响。

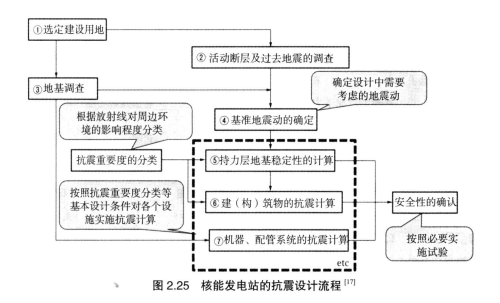

图 2.25　核能发电站的抗震设计流程[17]

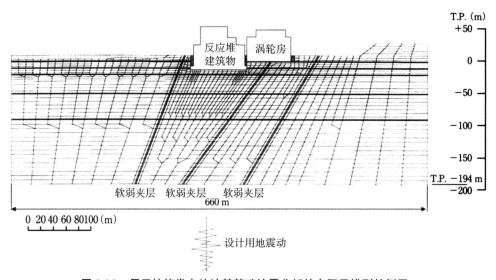

图 2.26　用于核能发电站地基基础抗震分析的有限元模型的例子

2.7.4　对于海啸安全性的确认

核能发电站对海啸安全性的验证一直以来备受重视，其中最受关注的有以下三方面：

（1）估计满潮时发生海啸造成的海面上升量，确保海面上升海水不会流入核电站内。即核电站地面高度要高于满潮水位加估计的海啸高度。

（2）退潮时因为海啸回流，即使海面下降，也可以取水。即使无法取水，在海啸回流的时间内取水坑等的蓄水也可满足冷却水的用量。

（3）确保取水口不会因海啸引起海底面的冲刷及土砂等的堆积而失效。

东京电力福岛第一核能发电站的事故是因为没有满足上述第（1）项而引起的。对日本所有核能发电站的海啸设计高度进行调查是必不可少的，同时假使核电站内海水浸入，维持机器系统、特别是紧急备用电源的功能也是很重要的。因此，需确保冷却反应堆的必要水源、机器设备和注水泵设置在防水的房间或高地上。

因为东北地区太平洋近海地震引起的日本东京电力福岛第一核能发电站的事故，中部电力浜冈核能发电站建设了沿海岸线高 18m、全长 1.6km 的海啸防波墙，如图 2.27 所示。正在建设中的防波墙如照片 2.8 所示。有海啸来袭危险的核能发电站正在计划建设同样的防波墙。问题是建设防波墙时，如何确定设计用的海啸高度。根据地质学的调查，数十米量级的海啸在很多地区发生。除了防波墙等硬件措施外，还需加强维持冷却用电源系统功能等软件措施，确保即使海啸超过防波墙进入核电站也能避免重大事故的发生。

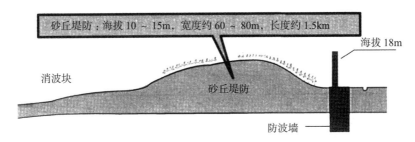

图 2.27　核能发电站海啸防波墙的建设（中部电力浜冈核能发电站）

（a）钢管连续墙　　　　　　　　　　　　（b）钢壳壳壁

照片 2.8　建设中的海啸防潮墙（中部电力浜冈核能发电站）

2.8　排水管道设施的防海啸对策

东北地区太平洋近海地震时，从日本东北地区到关东地区的广大范围里，污水处理场及泵站受到了极其严重的破坏。海岸线100m以内建设的设施中，90%都陷入了全面瘫痪。另外，浸水深度超过3.0m的地点，基本上所有的机器都丧失了功能。为此，"排水管道地震、海啸对策技术委员会"提出了考虑抗海啸对策的排水管道设施设计方法。其中，列举了因海啸受灾时应该确保的功能有防止逆流、抽水、消毒，以及允许临时停止但可迅速恢复的功能，如沉淀处理、污泥脱水。如图2.28所示，对于必须确保的设施，设置到浸水高以上或者通过高于浸水以上的防护墙来保护；对于迅速恢复功能的设施，需要坚固的防水构造及设备的防水措施。

排水设施因为地震动和海啸的破坏，给城市居民的公共卫生造成重大影响，可能导致疾病蔓延等次生灾害。排水设施中，污水处理场和泵站基本上都建设在海岸线附近。估计全国范围设计用的海啸高度，不仅要采取上述硬件对策，同时也应确保紧急用电源及配备应急反应人员等软件措施。

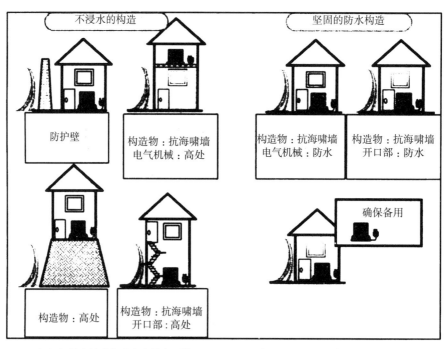

（a）必须确保功能（防止倒流，抽　　　　　（b）可迅速恢复功能（处理，
　　　水，消毒）的对策　　　　　　　　　　　　污泥脱水）的对策

图2.28　排水管道设施的抗海啸对策[18]

参 考 文 献

[1]　佐野利器，家屋耐震構造論上編，震災豫防調査會報告，第 83 號(甲)，1916

[2]　独立行政法人防災科学技術研究所のホームページ（http://www.bosai.go.jp/hyogo/）

[3]　日本道路協会，道路橋示方書・同解説，Ⅴ耐震設計編，1996，2002

[4]　土木学会，平成 16 年新潟県中越地震被害調査報告書，新潟県中越地震 被害調査特別委員会，2006

[5]　Duke, C. M. and D. F. Moran：Guidelines for evolution of lifeline earthquake engineering. Proceedings of the U. S. National Conference on Earthquake Engineering, 1975

[6]　日本ガス協会，ガス導管耐震設計指針，1982

[7]　経済産業エネルギー庁，高圧ガス設備等耐震設計基準

[8]　西晴樹他，石油タンクのスロッシングによる溢出量の算定，圧力技術，第 46 巻，第 5 号，2008

[9]　土木学会，耐震基準等に関する提言集，1996

[10]　日本建築学会，建築および都市の防災性向上に向けての課題，阪神・淡路大震災に鑑みて，1 次〜3 次提言（1995, 1997, 1998）

[11]　防災中央会議，防災基本計画，1995

[12]　鉄道総合技術研究所，鉄道構造物等設計標準・同解説 耐震設計，1998

[13]　東京都水道局，村山貯水池堤体強化事業誌，2012

[14]　伯野元彦，藤野陽三，片田敏行，1978 年伊豆大島近海地震被害調査報告，地震研究所彙報，Vol. 53，1978

[15]　森重龍馬，山陽新幹線の特殊工事，構造物設計資料 No. 23，1970

[16]　Hatton, J. W., Foster, P. F. and Thomson, R.：The influence of foundation conditions on the design of Clyde Dam, *Trans. 17 ICOLD*(17th International Commission on Large Dams), 66, 1991

[17]　原子力安全委員会，発電用原子炉施設に関する耐震設計安全指針，2006

[18]　日本下水道協会，下水道地震・津波対策技術検討委員会報告書，2012

第3章 地基液化及对策

3.1 液化的机理和危害

3.1.1 液化发生的机理

1983 年日本海中部地震时，秋田县的能代市和秋田市的大部分地基发生了液化现象。地震发生后，能代市棒球场内水和砂从地面喷出，如照片 3.1 所示，即所谓的喷砂现象[1]。照片 3.2 为 1990 年菲律宾吕宋岛中部地震后，在 Dugupan 市郊区拍摄的照片，水和砂从直径 5m 的喷砂孔中喷出，砂扩散为直径 15m 以上的同心圆。据附近的居民回忆，喷砂达到电线杆的高度。因为对地震的恐惧，描述可能有夸大的成分，但肯定有大量的水和土喷出。

地基的液化和喷砂、喷水的机理如图 3.1 所示。砂土的颗粒之间完全被地下水充满，即达到饱和状态。地震前砂土颗粒间接触，承受土的自重和结构物等的荷载，由于地震的摇晃，砂土颗粒间脱离接触，分散浮于水中。这种地基土变成水和砂的混合液体状态的现象称为液化现象。

照片 3.1　地基液化造成的喷砂和冒水　　　　照片 3.2　大喷砂孔（1990 年菲律宾吕宋岛地震）[2]
　　　（1983 年日本海中部地震）[1]　　　　（喷砂口的直径约为 5m，喷出砂的扩散直径约为 15m）

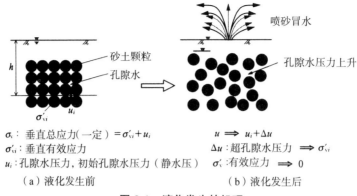

σ_v：垂直总应力（一定）$=\sigma'_{vi}+u_i$　　　　$u \implies u_i+\Delta u \implies \sigma'_{vi}$

σ'_{vi}：垂直有效应力　　　　　　　　　　Δu：超孔隙水压力　$\implies \sigma'_{vi}$

u_i：孔隙水压力，初始孔隙水压力（静水压）　　σ'_v：有效应力　$\implies 0$

（a）液化发生前　　　　　　　　　　　　　（b）液化发生后

图 3.1　液化发生的机理

液化机理从土力学的角度解释如下。如图 3.1 所示，深度 h 处的地基垂直总应力 σ_v 为

$$\sigma_V = \gamma_s \cdot h \tag{3.1}$$

式中，γ_s 为土的饱和容重，h 为地表面到土的应力计算点的深度，为简化起见，假设地下水位在地表面处，即所有土层处于饱和状态。

垂直总应力可表示为砂土颗粒承受的有效应力 σ'_v 和砂土颗粒之间地下水的压力即孔隙水压力 u 的和，即

$$\sigma_V = \sigma'_V + u \tag{3.2}$$

地震的摇晃导致松砂发生体积收缩，因而难以压缩的孔隙水的压力 u 增大。设增加的水压为超孔隙水压力 Δu，则

$$u = u_i + \Delta u \tag{3.3}$$

式中，u_i 为初始孔隙水压力，Δu 为超孔隙水压力。如公式（3.1）所示，即使液化发生，土的饱和容重 γ_s 不变，垂直总应力 σ_v 为定值，因此孔隙水压力增加 Δu 导致垂直有效应力 σ'_v 减小。当垂直有效应力为 0 时，成为完全液化状态，超孔隙水压力 Δu 等于起初土的有效应力 σ'_{vi}。当达到液化状态时，砂土颗粒脱离接触，地基表现为砂土颗粒和地下水的混合液体。因此如后所述，液化发生将导致各种各样的破坏。孔隙水压力上升，地下水从地面比较薄的地方或者通过建筑物的基础与地基的缝隙喷出地表，称为喷水。喷水的同时砂土颗粒一起喷出，称为喷砂。

根据颗粒的大小，土可以分为以下几类：颗粒最大的为砾石，粒径为 2 ~ 75mm，其次为砂土，粒径为 0.07 ~ 2mm，比砂土更小的颗粒构成粉土和黏土（又称细颗粒）。粉土的粒径为 0.005 ~ 0.075mm，黏土的粒径为 0.005mm 以下。土中砂土的含量越多越容易发生液化，而粉土和黏土本身不会发生液化，粉土和黏土含量越多越不容易发生液化。另外，砾石含量多的土，因为砾石透水性较高，超孔隙水压力容易消散，也不易发生液化。但是，1995 年兵库县南部地震，含砾石的风化砂土（花岗岩风化形成的土）发生了液化。照片 3.3 为液化造成管路和窨井的破坏，夹杂着碎石的液化土从窨井喷出

地表。由于兵库县南部地震产生了极其强烈的地震动，发生了剧烈的液化。如后所述，该地震后修订的道路桥规范把砾石混合土也作为了液化的对象[6]。

照片 3.3 因为液化喷出地表的砾石

若土中含有大量的细颗粒如粉土和黏土，则土颗粒间的粘结强度变大，不易发生液化。2011 年日本东北地区太平洋近海地震时，浦安市的填埋地可划分为喷砂发生地区和喷砂未发生地区。浦安市既有疏浚海底土填埋而成的地区，也有开挖山体土填埋而成的地区。由于山体的土中含有较多的粉土和黏土等细颗粒土，该土体填埋而成的地区没有发生液化；由疏浚海底的砂土填埋而成的地区，在远离砂土排水管出口的地方，堆积着粒径较小的粉土和黏土，也难以发生液化。因而在狭小区域内，也存在液化有无的明显区别。

由上述情况可知，地基发生液化的条件包括以下几点：

（1）砂土地基（含砂较多的地基）；

（2）地下水位较高（砂土颗粒间充满地下水）；

（3）砂土颗粒处于松散堆积状态。

满足上述条件的地基包括海滩、沼泽、沿河洼地、三角洲、古河道（原本是河流的土地）、河床等。相反，液化可能性低的地基包括山地、高原、丘陵地带等。不过，即使在高原和丘陵地带，如果有河流，其沿岸存在松散砂土地基，仍有发生液化的可能性。除此之外，也有学者指出填埋年代也是容易引起地基液化的影响因素。当土中含有粉土和黏土时，随着时间推移，细粒土中的化学成分增强了土颗粒之间的粘结强度，增加了对液化的抵抗能力。事实上，东北地区太平洋近海地震时，根据东京湾沿海地区填埋地液化的调查分析，指出与新填埋地相比，填埋时间较早的填埋地的液化程度相对轻微。

3.1.2　液化的危害

1964 年新潟地震后，开始从工学的观点认识到液化现象和液化危害[3]。不过，新潟地震以前的地震也报道了喷砂、喷水、地裂缝等液化现象。如前所述，液化是以砂土为主的地基和地下水混合物呈现出液体的现象。因此会造成以下危害：

（1）地基承载力显著减小，引起结构物的下沉、倾斜、倒塌

砂和水的混合物呈现液体的状态，称之为液化。通常，砂土颗粒之间通过紧密连接支撑结构物的重量。当发生液化时，地基失去了支撑结构物的力（地基承载力），造成结构物的下沉和倾斜。

照片 3.4（a）、（b）分别为 1999 年土耳其 Kocaeli 地震时房屋倒塌[4]及 1995 年兵库县南部地震时石油储罐的倾斜和下沉的情况。

（2）液化土的浮力造成地下结构物的上浮

液化土的容重大约为 16~20kN/m³（1.6~1.9 tf/m²）。与此相比，像窨井或清水池等地下结构物，考虑内部空间体积后的换算容重一般小于该值。因此，以往地震中，经常出现地下结构物上浮的情况。照片 3.5（a）、（b）分别为 1964 年新潟地震时清水池和 1993 年钏路近海地震时窨井上浮的情况。清水池上部地面为停车场，车辆也发生了上浮。2004 年

（a）房屋的倒塌（1999 年土耳其 Kocaeli 地震）[4]　　　（b）石油储罐的倾斜、沉降
　　　　　　　　　　　　　　　　　　　　　　　　　　　（1995 年兵库县南部地震）

照片 3.4　液化引起建筑物的倒塌

（a）地下清水池的上浮　　　　　　　　　　　（b）窨井的上浮[5]
（1964 年新潟地震由于清水池上浮造　　　　　（1993 年钏路近海地震）
成左侧地面与右侧地面之间的落差）[3]

照片 3.5　液化土的浮力引起地下结构的上浮

新潟县中越地震时，长冈市和小千谷市内的 1400 多个窨井发生了上浮。地震引起窨井上浮的主要原因是建造窨井时所回填的地基土发生了液化。因此，开发了压实回填土和利用水泥类材料对回填土进行加固的方法，并在实际工程中得到了使用。详见"3.3.3 窨井上浮对策"。

（3）土工结构物（填土、堤防、土坝）的破坏

填土、堤防和土坝等土工结构物，由于地基和结构物填筑材料的液化，会产生大的变形和沉降。通常土工结构物填筑时，相对于粉土和黏土而言，多使用砂质材料。照片 3.6（a）为 1983 年日本海中部地震时八郎泻围垦堤防的破坏情况。该围垦堤防由砂质材料填筑，为了防渗，堤身的表面覆盖了一层沥青。由于地基和堤身的液化，导致了滑动和沉降。照片 3.6（b）为 1964 年新潟地震时铁路路堤的破坏情况，地基液化造成了沉降和滑动。

（a）八郎泻围垦堤防（1983 年日本海中部地震）　　　（b）铁路路堤的破坏（1964 年新潟地震）[3]

（c）淀川堤防的破坏（1995 年兵库县南部地震）

照片 3.6　液化引起堤防和铁路路堤的破坏

照片 3.6（c）为 1995 年兵库县南部地震时淀河堤防的滑动情况。在堤防的坡面下发现了喷砂孔，表明发生了液化。堤防的斜坡向淀河方向滑移，所幸的是，地震发生时，河的水位较低，没有发生溃堤。如果液化造成堤防溃决，将会对附近居民的生命财产造成重大的影

响。另外，铁路和公路路堤液化不仅会给车辆的运行安全带来很大的威胁，长时间交通运输功能的丧失，还会给救援和重建工作带来很大的障碍。到目前为止，因为路堤和堤防液化造成了多次的破坏，因此，开发了如"2.5.2 土工结构物（河道堤防、填土、土坝）的抗震加固"中所述的措施，并在实际中得到了应用。

（4）土压力增大引起护岸和挡土墙的倾斜、翻倒

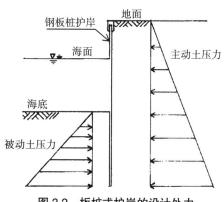

图 3.2　板桩式护岸的设计外力

护岸和挡土墙等结构物设计时考虑了土压力。以图 3.2 所示的板桩式护岸为例，设计时考虑了地震时靠地侧的主动土压力和靠海侧的被动土压力。主动土压力系数，即水平方向的土压力和垂直方向的土重的比值，是根据地震力的大小来确定的，地震力的最大值常取为土重的二分之一，此时，土压力系数为 0.5。相反，假设护岸背后靠地侧的地基全部液化，土压力系数接近 1，土压力的实际值超过设计值，因此，以往的地震中常常发生护岸和挡土墙的破坏。照片 3.7（a）为 1983 年日本海中部地震时秋田港的钢板桩护岸的破坏情况，（b）为 1995 年兵库县南部地震时六甲岛护岸的破坏情况。由于混凝土沉箱下部海底地基液化造成承载力降低，同时填埋地基液化引起土压力增大，护岸向靠海侧最大移动了 5m，护岸背后的地基发生了大规模塌陷。日本海中部地震护岸破坏后，针对强地震动和液化，采取加固措施对护岸进行了加固。在全国的重要港口，对灾害发生后确保应急物资和人员海上运输起主要作用的护岸，都进行了抗震加固。

1964 年新潟地震以来研究人员和技术人员深刻认识到液化引起的上述四种结构物的破坏，并研究与开发了对策方法，相应的技术在实际结构物和地基中得到了应用。

（a）板桩式护岸的破坏（1983 年日本海中部地震）　（b）沉箱式护岸的移动（1995 年兵库县南部地震）

照片 3.7　液化引起护岸破坏

3.2　液化的判别

3.2.1　液化的判别

判别地基是否容易发生液化（液化势的评价），根据结构物的重要程度、种类和土质调查的精度有以下三种方法：

（1）根据地形、地质条件的简便方法；

（2）根据 N 值和粒径分布等土质调查结果的方法；

（3）基于室内液化强度试验和地基的地震响应分析的详细方法。

对生命线埋设管道等大范围地基液化进行判别，常采用方法（1），判别重要的结构物和设施时，采用方法（3）。《道路桥规范》[6]、《建筑基础结构设计指南》[7] 及港湾结构物液化的判别等采用方法（2）。

方法（1）是根据地形、地质，按如下分类进行判别：

液化可能性高的地区（A）——现在的河道、古河道、河流沿岸的冲积地、海滨、河流、田地和山谷的填埋地、沙丘之间的洼地；

有液化可能的地区（B）——（A）、（C）以外的地基；

液化可能性低的地区（C）——台地、丘陵、山地、扇形地。

如上所述，扇形地一般属于"液化可能性低的地区（C）"，但如前所述，1995 年兵库县南部地震时，夹杂砾石的风化砂土填埋地也发生了液化。因此，即使是扇形地也有必要根据砾石和砂的含量进行液化可能性的分析。

方法（2）是根据 N 值和粒径分布判别以及由液化抵抗率 F_L 值判别。图 3.3 为"填埋地液化对策手册"（沿岸开发技术研究中心，1997）[8] 中规定的方法，图（a）为地表最大加速度和等效 N 值的关系，图（b）为粒径分布的判别方法。

如图 3.3（a）所示，根据等效 N 值和等效加速度将液化的容易程度划分为如下 I ~ IV 的 4 个等级。I 区为最易液化，IV 区为基本不会发生液化。II、III 区判别为 I、IV 区的中间领域。

等效 N 值 $(N)_{0.66}$ 是根据下式，用土层的垂直有效应力对标准贯入试验得到的 N 值修正后得到的值。

$$(N)_{0.66} = \frac{N - 1.828(\sigma'_V - 0.66)}{0.399(\sigma'_V - 0.66) + 1} \tag{3.4}$$

式中，$(N)_{0.66}$——等效 N 值；

$\qquad N$——液化判别土层的 N 值（依据标准贯入试验）；

$\qquad \sigma'_V$——土层的垂直有效应力（kgf/cm²）。

另外，图 3.3（a）的等效加速度 α_{eq} 由下式计算

$$\alpha_{eq} = 0.7 \times \frac{\tau_{max}}{\sigma'_V} \times g \tag{3.5}$$

式中，g 为重力加速度（980cm/s²）。式（3.5）中的系数 0.7 为判别液化深度时，作用在上部土层平均加速度的修正值。τ_{max} 为液化判别土层发生的最大剪应力，根据本书 2.4 节介绍的方法计算。

图 3.3(b)为粒径分布曲线图。粒径均匀的砂土其粒径分布曲线较陡,如图(b)中的上图;粒径不均匀的砂土其粒径分布曲线较缓,如图(b)中的下图。由上述两图可判断液化的可能性。

《道路桥规范》[6]、《建筑基础结构设计指南》[7] 等指南、标准中,首先求出发生液化的抵抗率 F_L 值,据此判别是否发生液化和液化引起地基刚度的下降程度。F_L 值由液化地基的抵抗值 R(动抗剪强度)和引起液化的地震力 L(地震时的剪应力)的比值求出。

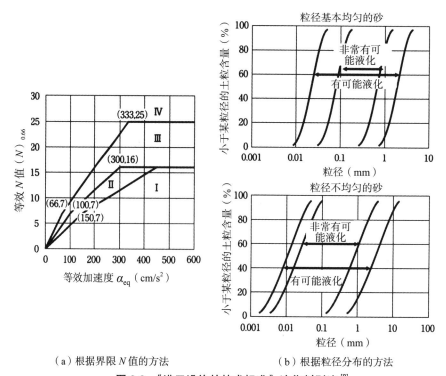

(a)根据界限 N 值的方法　　　　(b)根据粒径分布的方法

图 3.3 《港口设施的技术标准》液化判别法[8]

$$F_L = \frac{R}{L} \tag{3.6}$$

根据《道路桥规范》,动抗剪强度比 R 由下式求出

$$R = C_w R_L \tag{3.7}$$

动三轴强度比 R_L 根据土的种类由下式计算

$$R_L = \begin{cases} 0.0882 \times \sqrt{(N_a/1.7)} & (N_a < 14) \\ 0.0882 \times \sqrt{(N_a/1.7)} + 1.6 \times 10^{-6} \cdot (N_a - 14)^{4.5} & (N_a \geq 14) \end{cases} \tag{3.8}$$

<砂质土>

$$N_a = c_1 \cdot N_1 + c_2$$

$$N_1 = 1.7 \cdot N / (\sigma'_V + 0.7)$$

$$c_1 = \begin{cases} 1 & (0\% \leq F_C < 10\%) \\ (F_C + 40)/50 & (10\% \leq F_C < 60\%) \\ F_C/20 - 1 & (60\% \leq F_C) \end{cases}$$

$$c_2 = \begin{cases} 0 & (0\% \leq F_C < 10\%) \\ (F_C - 10)/18 & (10\% \leq F_C) \end{cases} \tag{3.9}$$

＜砾质土＞

$$N_a = [1 - 0.36 \log_{10}(D_{50}/2)] \cdot N_1 \tag{3.10}$$

式中， R_L——动三轴强度比；

N——由标准贯入试验得到的 N 值；

N_1——有效上覆荷载压力 100kN/m² 换算的 N 值；

N_a——考虑粒径影响的修正 N 值；

F_C——细颗粒含量（%）（小于 75μm 的土粒质量百分率）；

c_1、c_2——根据细颗粒含量决定的系数；

D_{50}——平均粒径（mm）。

（类型 1 地震动，参照本书 2.3.2 节）

$$C_W = 1.0 \tag{3.11}$$

（类型 2 地震动）

$$C_w = \begin{cases} 1.0 & (R_L \leq 0.1) \\ 3.3R_L + 0.67 & (0.1 < R_L \leq 0.4) \\ 2.0 & (0.4 < R_L) \end{cases} \tag{3.12}$$

地震时，剪应力比 L 由下式求出

$$L = r_d \cdot k_{hgL} \cdot \frac{\sigma_V}{\sigma_V'} \tag{3.13}$$

式中， r_d——地震时剪应力比随深度的折减系数
[$=1-0.015z$，z 为深度（m）]；

k_{hgL}——判别液化用的地表面水平烈度，由
表 3.1 的 k_{hgLO} 的值按地域乘以修正系数求出。

图 3.4 为利用《道路桥规范》中的方法，判
别浦安市某地点液化的结果。地震动的强度，设定为东北地区太平洋近海地震和危害较大的

判别液化用的设计烈度 k_{hgLO}　　表 3.1

	1 级地震动	2 级地震动（类型 1）	2 级地震动（类型 2）
1 类地基	0.12	0.50	0.80
2 类地基	0.15	0.45	0.70
3 类地基	0.18	0.40	0.60

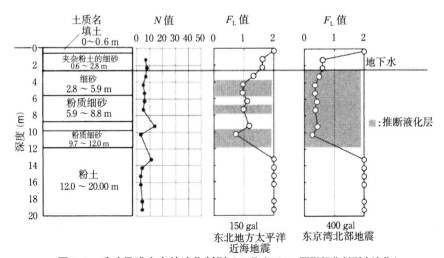

图 3.4　千叶县浦安市的液化判别（F_L 值小于 1，阴影部分判别为液化）

东京湾北部地震。据此可知，东北地区太平洋近海地震的液化土层厚度为 5m，东京湾北部地震扩大到 9m，另外，反映液化程度的指标 F_L 变为 0.5 以下，即未来东京湾北部地震发生时，东京湾沿海地区填埋地的液化会更为激烈。因此须尽快提出房屋、建筑物和给排水等生命线埋设管道的液化对策。

3.2.2   液化地图

很多地方团体，根据地形、地质条件的简便方法和基于 N 值和粒径分布等土质调查结果的方法绘制了"液化地图"，并公布于众。图 3.5 为东京都液化地图。液化地图通常将液化的可能性分为大、中、小三个等级。液化地图基于有限的钻孔资料，预测广阔区域的液化可能性，其预测精度存在一定的问题。为了提高判别的可靠性，需要在每个结构物的建设地点进行钻孔调查，或者用简单的地基调查代替钻孔调查。例如，将圆锥形的金属块压入地基中，调查土的硬度的静力触探方法，典型的方法为瑞典式静力触探试验方法。已在独立式住宅等液化调查中使用，能够减少调查需要的费用。

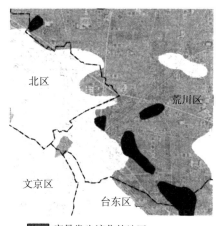

图 3.5   液化预测地图
（引用东京都网站的主页，对原图进行了修改）

3.3   地基的液化对策

3.3.1   地基的液化对策

液化对策基本上有以下两种方法：

方法一，直接防止地基液化的方法；

方法二，提高结构物的强度和安全度以抵御地基液化。

方法一是通过改变地基使其难于液化，开发了以下的措施并在实际中得到了应用。如前所述，一般地基液化的条件包括松的砂质地基以及砂土颗粒之间被水饱和的地基（在地下水位以下的饱和状态）。防止地基液化的具体做法有：

（1）松散地基的压实，使其变成坚硬地基；

（2）降低地下水位，使砂土地基处于不饱和状态；

（3）防止砂土颗粒间的水压力即孔隙水压力上升。

液化现象是因为地震动使孔隙水压力上升，砂土颗粒之间失去连接，从而使砂土颗粒在孔隙水中处于悬浮状态。做法（3）是通过在地基中打入排水性良好的砂砾柱或有开孔的管道等，使上升的超孔隙水压力消散、减小。

压实地基的方法主要有：振浮压实法、挤密砂桩法、强夯法等。

挤密砂桩法是将钢套管压入地下，向套管内注入砂，一边振动一边拔出套管，在地基中构筑压实砂桩，如图 3.6 所示，已有很多的实际应用，如东京迪斯尼乐园的用地建设前用挤密砂桩法对地基进行了加固，2011 年东北地区太平洋近海地震时，游乐园地基没有发生液化。

强夯法是使重锤自空中向地面落下，依靠冲击力压实地基的方法，如图 3.7 所示，该方法虽可以降低施工成本，但能加固的地基深度仅为 3 ~ 4m，更深处存在液化土层时不宜采用。

除此以外，还有注浆法，即向地下注入水泥系材料，进行地基加固，如图 3.8 所示；还有注入固化材料并在地基中进行搅拌的深层搅拌法等。深层搅拌法多用于既有护岸的抗震加固。加固护岸前面的海底地基，可以起到抵抗护岸移动和翻倒的效果。上述方法的优点是施工中不产生振动，但存在注浆材料侵入地下水等环境问题，以及不能准确把握注浆效果等问题。

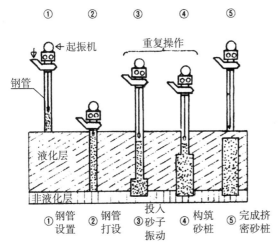

图 3.6　挤密砂桩法

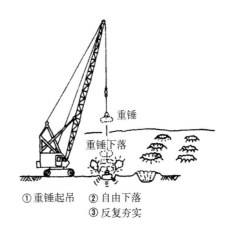

图 3.7　强夯法

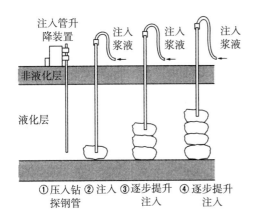

图 3.8　注浆法

振浮压实法和挤密砂桩法可以加固到地面以下 10 ~ 20m 的深度。采用何种地基加固方法要综合考虑液化土层的深度、液化程度、结构物种类、经济性，以及对周围环境的影响等因素。

降低地下水位的方法，除了使液化土层处于不饱和状态外，也可通过增加表层的非液化土层的厚度，使地下水位以下土体的垂直有效应力变大，从而增大抗液化强度。如图 3.9 所示，在川崎市的填埋地，通过采用柔性防渗墙把油罐地基整体隔断，降低了场地内地下水位。但需要解决由于抽取地下水引起的不均匀沉降，以及长时间地下水位降低等问题。

防止孔隙水压力上升的方法有：用碎石作为材料的砂砾排水法和用有孔管等的管道排水法，如图3.10所示。这些方法中，排水体周围的地基没有被改良。孔隙水通过排水体迅速排出，可以缩短孔隙水压力上升的时间，并且可以降低其上升量。不过，也存在排水体的堵塞、伴随排水的地基沉降等几个需要解决的问题。除了用碎石排水，为了防止液化对地下结构物的破坏，也可在地下结构物周围回填砾石。图3.11为利用碎石给电力通道进行砂砾排水的实例。在通道的下面构筑砾石桩的同时，用砾石回填通道的周围，防止孔隙水压力的上升从而防止液化的发生。

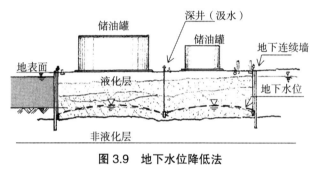

图3.9   地下水位降低法

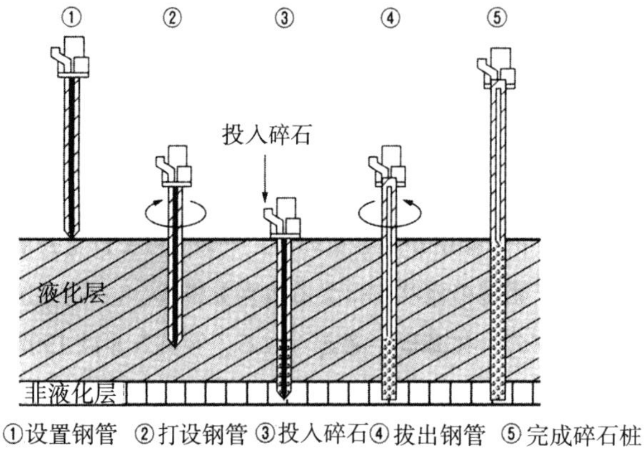

图3.10   砂砾排水法
①设置钢管 ②打设钢管 ③投入碎石 ④拔出钢管 ⑤完成碎石桩

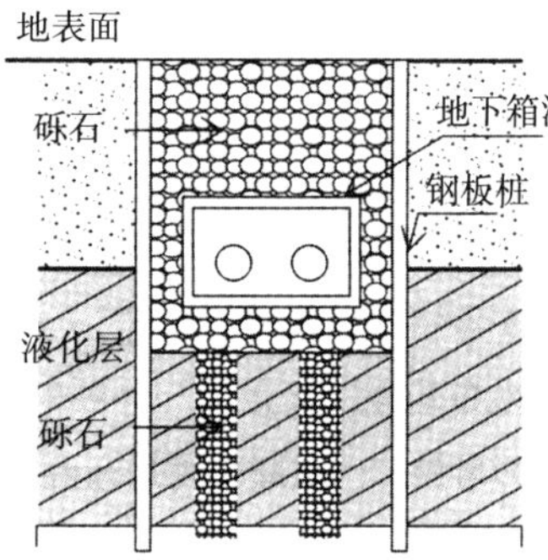

图3.11   碎石回填方法

3.3.2   结构物、房屋的液化对策

地基液化时，为保证结构物具有足够的强度，可采用桩基础和地下连续墙等方法。图3.12为施工地下连续墙的方法。地下连续墙的刚度能够抵御液化产生的外力，降低地震动的影响，并且能防止结构物下液化土的流动。如图3.13所示，在油罐周围采用钢管桩形成地下连续墙加固基础的施工方法[10]。该方法可作为既有油罐基础的液化对策。为了不对油罐及周边设施的安全性产生不良影响，需要采用无振动施工。

在既往的地震中，由于地基液化导致众多房屋发生了沉降和倾斜。从经济上考虑，一般

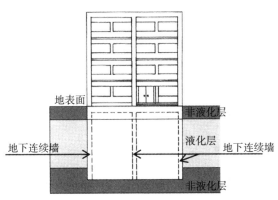

图 3.12　用地下连续墙降低地震的
摇晃和液化流动的方法

图 3.13　用地下连续墙的储油罐基础
（来源：JPA 日本压入协会）[10]

房屋建造时不采用桩基础。降低房屋因液化受损的方法，可考虑用混凝土板的连续基础代替以前的独立基础。照片 3.8 为 1993 年钏路近海域震时，房屋的周边地基发生了液化，导致窨井上浮的情况。照片中的房屋没有受灾，除采用了混凝土连续基础外，还在基础的下部设置砾石层，以消散超孔隙水压力。

如图 3.14 所示，房屋的周围采用轻质钢板桩等形成地下连续墙，防止液化后土砂向侧方流动，可以抑制房屋的沉降和倾斜。图 3.15（a）为用 1 : 20 比例尺的两层房屋的模型，根据重力场和离心力场的液化实验，研究了地下连续墙的埋置长度和液化层厚度的比值，对抵御房屋倾斜的影响。结果如图（b）所示，如果板桩连续墙的埋置约是液化层厚的 1/3，可以使房屋的倾斜降低到约 1/3 到 1/5。既有的住宅间相邻距离较小，通常不可能使用大型的施工机械。因此，可采用短的轻量钢板桩，并且能够降低工程费用。

照片 3.8　液化发生但没有受灾的房屋
（1993 年钏路近海地震）

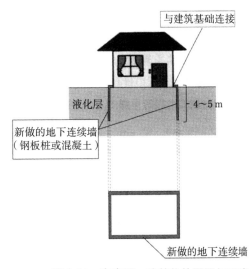

图 3.14　在房屋、建筑物的周围打设浅
的地下连续墙，防止其沉降、倾斜的方法

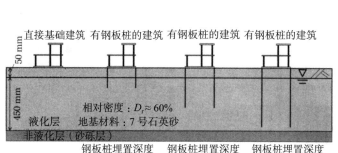

（a）确认倾斜抑制效果的模型

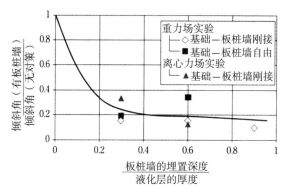

（b）地下连续墙的埋置长度对建筑的倾斜抑制效果

图 3.15　关于地下连续墙对建筑倾斜抑制效果的模型实验

作为房屋和低层建筑物的液化对策，提出了采用木桩的方法。这个想法来自于 1964 年新潟地震时，地基液化引起钢筋混凝土建筑物破坏的调查结果。地震发生时，新潟市内钢筋混凝土建筑物的基础有木桩、混凝土桩和扩展基础。根据图 3.16，用扩展基础的房屋遭受灾害的比例高，木桩和混凝土桩的情况下受灾比例比扩展基础大幅减少。与混凝土桩比较，木桩并不逊色。采用混凝土桩时，桩被打入地基下部的非液化土层，如本书 4.1 节所述，出现了钢筋混凝土桩在下部非液化土层交界处发生折断的情况，究其原因可能是由于桩的前端被固定，在非液化土层和液化层交界处作用于桩的力比较大。与此相比，木桩没有到达非液化层，桩的前端还处于液化层中，作用的力比较小，发挥了抗液化效果。

图 3.16　不同基础形式的钢筋混凝土房屋受灾比例

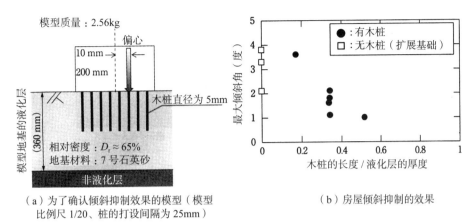

（a）为了确认倾斜抑制效果的模型（模型　　　　　　（b）房屋倾斜抑制的效果
比例尺 1/20、桩的打设间隔为 25mm）

图 3.17　木桩的打设长度对液化引起房屋倾斜的抑制效果
（桩的打设间隔为直径 5 倍时）

采用木桩的防液化措施,需考虑在液化层中布桩间距和布桩深度对抑制房屋倾斜的影响。根据模型振动实验，研究了液化层厚度对木桩长度的影响。图 3.17（b）的横坐标表示木桩的长度与液化层厚度的比值，纵坐标为液化引起两层钢筋混凝土建筑物的倾斜角度。由该图可知，木桩间隔为 5 倍直径、打入深度为液化土层厚度的约 1/2 时，能很大程度抑制房屋的倾斜。兵库县南部地震时，从住宅地液化情况分析，液化土层的厚度最大为 10～12m。意味着木桩长度取为液化土层厚度的一半（约 5～6m）即可，可利用间伐材且施工较易。但是，需要根据当地液化土层的厚度和地层条件，确定合适的木桩长度及间隔。

3.3.3　窨井上浮对策 [11]

2004 年新潟县中越地震时，长冈市、小千谷市因地基液化导致 1400 个以上的窨井上浮。窨井上浮导致排水管道功能丧失，给受灾后的市民生活带来严重影响。同时，由于窨井上浮妨碍了道路交通，给地震后的紧急物资和人员输送带来严重障碍。因此，新潟县中越地震后，开发了防止窨井上浮的施工方法，并应用于已有的窨井。

地基液化引起窨井上浮的对策，主要有以下 4 种方法。

（1）采用不易发生液化的土回填：窨井设置后充分碾压加固回填土。或者用不发生液化的水泥混合土等作为回填土。

（2）增加重量的方法：碎石、铁块以及混凝土块（重物）压住窨井，用增加重量抗衡液化引起的上浮 [图 3.18（a）]。

（3）孔隙水压力消散的方法：从窨井给地下插入导管，液化发生后，通过向窨井内部排出地下水让孔隙水压力消散 [图 3.18（b）]。

（4）锚栓的方法：向持力层（非液化层）打入钢棒，并用锚栓固定防止上浮 [图 3.18（c）]。

其中，方法（1）适用于新设的窨井；方法（2）～（4）适用于既有窨井，其效果已在实践中得到证实 [11]。

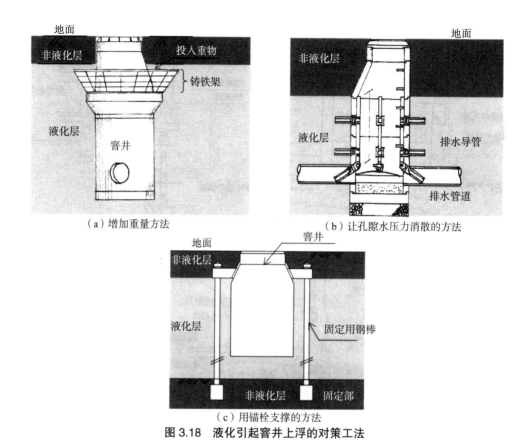

（a）增加重量方法

（b）让孔隙水压力消散的方法

（c）用锚栓支撑的方法

图 3.18　液化引起窨井上浮的对策工法

3.3.4　沉降、倾斜后的住房、建筑物的修复

东北地区太平洋近海地震时，千叶县浦安市等多数的市、镇、村由于液化导致住房和建筑物发生沉降、倾斜。一旦住房的倾斜超过 1/100，居民会感到不安；倾斜一旦达 1.5/100，居民将会感到害怕，如果长期居住的话，居民将会出现健康问题。因此，倾斜超过一定范围，需要尽快进行修复。

对倾斜的住房、建筑物进行修复，主要有以下 4 种方法。

（1）注浆法：在住房、建筑物的基础和地基的空隙内注入水泥浆液和硬质聚氨酯，通过注入浆液和聚氨酯的压力，抬升倾斜的住房、建筑物，使其恢复到水平状态 [图 3.19（a）]。

（2）托换法：用千斤顶支撑在住房、建筑物的基础处，并将新的桩打入到坚硬的地层，利用反力使其恢复到水平状态 [图 3.19（b）]。

（3）自升法（耐压板法）：在基础的一部分事先注入水泥浆液，并且在地基上设置钢板，千斤顶借助反力，使其恢复到水平状态 [图 3.19（c）]。

（4）上推法（顶升法）：分开建筑物和住宅的混凝土基础部分和上部结构（木制构件之间），并利用千斤顶抬升，使其恢复到水平状态 [图 3.19（d）]。

上述方法中，除托换法以外，其余 3 种方法都是利用作用在基础地基的压力，使倾斜的建筑物、住宅恢复到水平状态，需要基础地基足以承受该压力。因此，自升法中用注入水泥浆液和打入混凝土加固地基，铺耐压板分散传递到地基的作用力。

发生液化的地基一般多为软弱地基，缺少支撑建筑物和住宅重量的承载力。另外，也存在混凝土基础的钢筋量不足，而达不到足够强度。因此，不改变地基和基础承担的来自住宅和建筑物的荷载，使其恢复水平状态的方法是相对安全的。从这点出发，可以认为图 3.19（d）所示的上推法是有利的。该方法是将木制住宅从根脚以上的部分抬升，重量是整个房屋（包括混凝土基础）的 1/2，有不改变混凝土基础下地基作用力的优点，并且施工较安全，可降低工程造价。

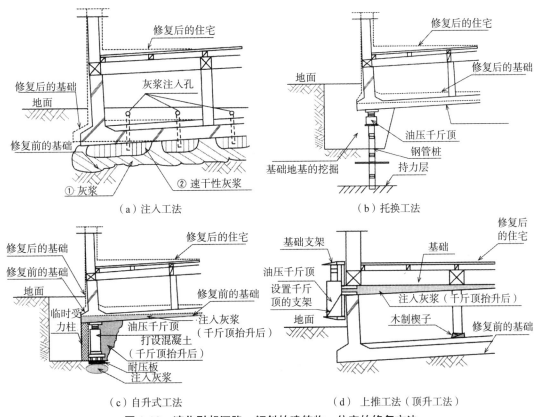

（a）注入工法　　　　　　　　　　　（b）托换工法

（c）自升式工法　　　　　　　　（d）上推工法（顶升工法）

图 3.19　液化引起沉降、倾斜的建筑物、住宅的修复方法

3.3.5　填土堤防的液化对策

以往地震中，多数道路、铁路的填土因地基液化造成破坏。为了提高新干线等高速铁路的运行安全性，有必要采取加固措施以减轻填土的沉降、倾斜。

在液化可能性高的地基上建设填土和堤防，可通过注入水泥浆液等改良地基，也可在填土的坡脚处打设钢板桩，如图 3.20 所示，通过钢棒（横拉杆）连接防止液化土水平方向的流动。

除了上述方法，在填土的地基中打设短木桩，降低地基液化造成填土的沉降、变形[13]。

如图 3.21 的模型所示，在液化层中以 5 倍桩径的间距打设木桩，根据模型实验，研究了液化土层厚度对木桩打设深度的影响。在道路、铁路的填土及河流堤防的建设中，事先在地基中打设木桩，目的是为了抑制填土和堤防的沉降和变形。根据模型实验，得到图 3.22 所示的结果。图中，横坐标表示打设桩的长度与液化土层厚度的比值，纵坐标为填土顶部沉降量与未打设木桩沉降量的比值。由图可知，如果打设木桩长度为液化土层深度的 1/2，则可抑制填土堤防 40% 的沉降量。作为道路、铁路填土的液化对策，附近有充足的木材供应等情况时，是较经济的抗液化对策。

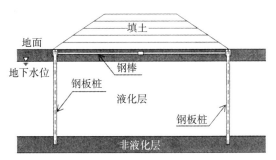

图 3.20   利用钢板桩和钢棒防止填土的变形

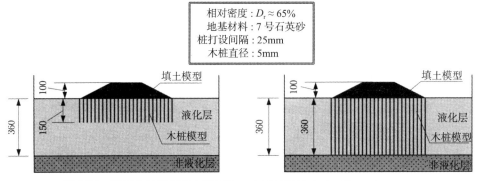

图 3.21   利用木桩降低填土的沉降、变形效果的实验（模型比例尺 1/20）

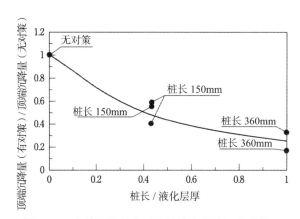

图 3.22   木桩打设长度对降低填土顶端沉降的效果

参 考 文 献

[1] 能代市総務部庶務課編，昭和 58 年(1983 年)5 月 26 日日本海中部地震能代市の災害記録：この教訓を後世に…，1984

[2] 1990 年フィリピン・ルソン島中部地震被害調査報告書，財団法人地震予知総合研究振興会，1991

[3] 土木学会，昭和 39 年新潟地震震害調査報告，1965

[4] 土木学会，The 1999 Kocaeri Earthquake, Turkey，震災調査シリーズ⑤

[5] 土木学会，1993 年釧路沖地震被害調査報告，震災調査シリーズ No. 2，1993

[6] 日本道路協会，道路橋示方書・同解説，V耐震設計編，1996

[7] 日本建築学会，建築基礎構造設計指針，2001

[8] 沿岸開発技術研究センター，埋立地の液状化対策ハンドブック，1997

[9] 東京都建設局　東京都土木技術支援・人材育成センターホームページ「東京の液状化予測図」http://doboku.metro.tokyo.jp/start/03-jyouhou/ekijyouka/index.htm

[10] 全国圧入協会ホームページ　http://www.atsunyu.gr.jp/

[11] マンホールの浮上防止対策工法　技術マニュアル，下水道新技術推進機構，2008

[12] 下水道地震・津波対策技術検討委員会報告書，下水道地震・津波対策技術検討委員会，2012

[13] 岸田健吾，堤圭司，濱田政則，木杭基礎による構造物の液状化と地盤流動対策法に関する実験的研究，土木学会全国大会，2011

第4章 液化地基的流动及对策

4.1 液化地基的流动和实例分析

4.1.1 液化地基流动研究的开端

1964年新潟地震和1983年日本海中部地震等既往地震中发生了地基液化现象，主要表现为：（1）地基承载力下降导致建（构）筑物下沉、倾斜；（2）液化土的浮力引起地下结构物上浮；（3）填土结构物（如河堤、路堤等）的破坏；（4）土压力增大引起护岸倾斜和倒塌。上述地基液化现象已经在第3章有所阐述。除此之外，在日本海中部地震震害调查过程中，也发现了因地基液化造成的破坏现象。

照片4.1为地震中能代市燃气管道破坏的情况，照片（a）中燃气管在呈45°弯曲的焊接部位折断，两折断面相距70cm；照片（b）为折断的燃气管相互嵌入的情况。通常地震动引发的地基位移大约为几厘米到几十厘米，上述现象很难认为是由于地震动引起的。

为了探究燃气管破坏的原因，以破坏地点为中心，对地基液化发生区域的地表面状况进行了调查。照片4.2为能代市地表面发生裂缝的情况。从照片中可以明显地看出，地表面发生了很大的水平位移。另外，照片4.3中的围墙张开，也表明地基发生了位移。上述地表位移不是由于地震晃动过程中引起的动位移，而是在地震后留下的永久静位移。上述燃气管道破坏和地基水平移动的现象引发了对液化地基流动的研究。

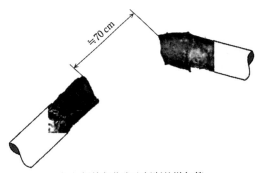

（a）焊接部位发生折断的燃气管

（b）焊接部位发生折断并嵌入咬合的燃气管

照片4.1 能代市燃气管道的破坏
（1983年日本海中部地震）

（a）公园内的地裂缝和喷砂口 　　　　　　　（b）住宅区的地裂缝

照片 4.2　地基水平移动引起的地裂缝（1983 年日本海中部地震）

照片 4.3　地基水平移动引起围墙张开和
　　　　错台（1983 年日本海中部地震）

如后文所述，对于 1983 年日本海中震中能代市和 1964 年新潟地震中新潟市，通过地震前后航拍，对液化地基流动所引起的地表面位移进行了勘测。结果表明，能代市的地表最大位移为 5m，新潟市地表最大位移超过 10m。因地基流动造成的建筑物桩基破坏和地下管道破损的情况也很多。与此同时，美国研究人员也开展了由地基液化引起的地基位移研究。该研究的主要内容是通过航拍照片测定 1906 年旧金山地震后旧金山市地表的水平位移。从棋盘状分布的旧金山市道路的弯曲程度测得的地表最大水平位移达 2m。

美、日两国分别开展了有关液化地基流动、桩基及地下管线流动对策的独立研究和共同研究，为交流科研成果，美、日间召开了 8 次专门的研讨会。美、日间共同研究的目的主要是为了揭示量级达数米的液化地基水平位移发生的机理，确立预测方法及开发针对液化地基流动的设计方法和对策。但遗憾的是，在 1995 年的阪神地震中，以神户市为中心的广大地域发生了地基液化和液化地基的流动，导致建筑物、桥梁和地下管线再一次遭受了巨大的破坏。

4.1.2　1983 年　日本海中部地震[1-6]

利用能代市的航拍照片，测量地震前后照片中各标志物的三维坐标，并通过三维坐标的差值求得地表位移。照片 4.4 为位于能代市南部的前山地区地震前后的航拍照片。航拍测量的精度由地震前后航拍照片的比例尺决定。如表 4.1 所示，本次测量中水平方向的精度为 ±16cm，垂直方向精度为 ±20cm。如后文所述，根据能代市地表位移的测量结果，最大水平位移达到数米，因此上述的测量精度是满足要求的。从航拍照片可见，前山地区标高 20m 左右的小沙丘，从沙丘顶部开始是缓坡，地震发生时这一地区正作为新住宅区进行开发。

（a）地震 2 年前（1981 年）　　　　　　　　　　（b）地震 2 天后（1983 年）
〇：航空测量用的标志物（窨井盖等）　　　　　　　〇：喷砂发生地点

照片 4.4　地震前后能代市前山附近的航拍照片

根据地震前后航拍照片测定地基位移的精度　　　　　　　　表 4.1

	地震前	地震后
基准点数	21	5
航拍照片精度 （m）	±0.08（水平） ±0.16（垂直）	±0.14（水平） ±0.12（垂直）
地基位移测量精度 （m）	$\pm\sqrt{(0.08)^2+(0.14)^2}=\pm0.16$（水平） $\pm\sqrt{(0.16)^2+(0.12)^2}=\pm0.20$（垂直）	

图 4.1 为根据地震前后航拍照片测得的地基水平位移矢量图。由该图可见，边长 300m 左右范围内的地基呈现出由沙丘顶部向斜面下部放射状的位移。特别是北侧斜面的地表位移最大达到 5m。图中还标示出由秋田大学研究组调查得到的地表裂缝和错台的情况。整个区域内地表沿斜面向下部移动，结果在斜坡上部出现了错台引起的地裂缝。

为了调查地基位移与前述燃气管破损 [照片 4.1（a）] 之间的因果关系，对燃气管破坏点附近的地表位移进行了详细测量。前述燃气管折断面相距 70cm 的地点为图 4.1 中的 A 点，A 点附近详细的地表位移如图 4.2 所示。图中矢量的方向及长度分别表示地表水平位移的方向和大小。沿着矢量标注的数字表示地表位移，以 cm 为单位。地基发生了向外侧推挤燃气

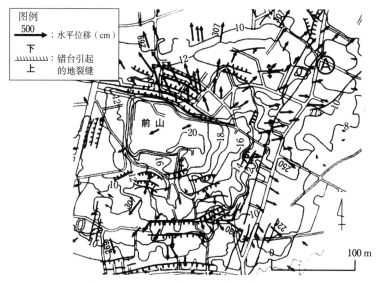

图 4.1   能代市前山附近地基的水平位移

[图中数字为标高（m）]

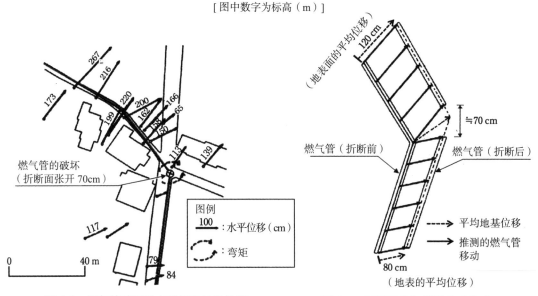

图 4.2   燃气管破坏地点附近的地表位移

图 4.3   折断后燃气管的移动轨迹

（a）向窨井顶起的管路

（b）电缆的屈曲

照片 4.5   地下电缆线的屈曲和向窨井顶起（1983 年日本海中部地震）

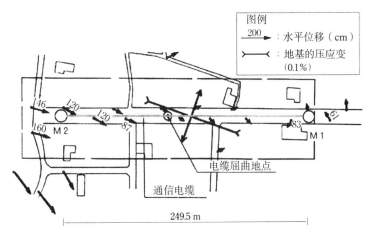

图 4.4　地表水平位移及地基应变

管的力，位移量达 2 ~ 3m。这样的地基位移导致燃气管产生拉应力，同时使得燃气管弯曲部位发生弯曲应力。由于拉应力和弯曲应力的集中导致燃气管焊接部位折断。折断面沿地基位移方向移动，最终导致两折断面分离 70cm，如图 4.3 所示。

　　能代市内发生了很多因地基位移导致地下管道破坏的情况。照片 4.5 是其中地下通信电缆破坏的例子。照片显示了窨井中的地下管道（用作电缆的保护套）顶起和地震后开挖发现的电缆发生屈曲破坏的情况。破坏发生在图 4.4 所示的 2 个窨井之间。图 4.4 是通过航空测量获得的地表水平位移。从该图可知，窨井 M2 附近沿电缆线的铺设方向大约发生了 1.5m 的位移。另一侧的窨井 M1 附近地表位移沿垂直于电缆铺设方向发生。这表明窨井 M1 和 M2 间地基发生了压缩。根据测量得到的地表位移，计算出地基中主应变的大小和方向，一并标示在图 4.4 中。沿电缆铺设方向发生了大约 0.4% 的压应变，据此可以推断，地基的压应变是导致电缆屈曲和管路顶起的原因。

　　以下列举因液化地基流动引起地基应变的罕见案例。照片 4.6 是从能代市日本海中部地震调查报告中转载而来的，以"地基液化引起树木开裂"命名[3]。从图中可以看到树木周围堆积着由喷砂造成的砂堆，这表明附近确实发生过地基液化。但是，仅从地基液化来考虑树木发生的开裂破坏似乎不太合理。

　　图 4.5 给出了开裂树木周边地表水平位移的测量结果以及由地表位移计算得到的地表主应变及其方向。从该图可以推断，地基产生了大约 2% 的拉应变，正是地基的拉应变导致树根拉裂，从而使得开裂一直延伸至树干。

照片 4.6　地基液化引起的树木开裂
（摘录于 1983 年日本海中部地震能代市调查报告[3]）

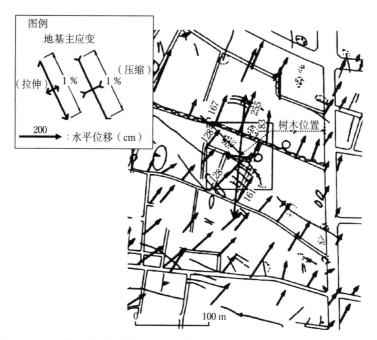

图4.5　开裂树木周边的地表位移及应变（1983年日本海中部地震　能代市青叶町）

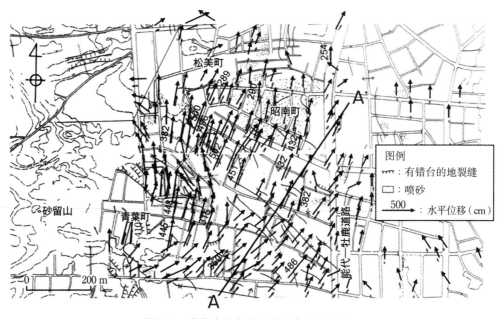

图4.6　能代市北部地区的地表水平位移

图4.6是能代市北部地区的地表位移。长约800m、宽约600m的区域内地表向北或东北方向移动，最大位移值达4m。沿图4.6中测线A～A'的地形和地质条件如图4.7（a）所示。地表沿测线缓慢倾斜，平均坡度小于0.5%，假定地表最大加速度为200cm/s²的情况下，根据本书3.2节中采用《道路桥规范》[7]中的方法，判定的液化地层在图4.7（a）中表示。液

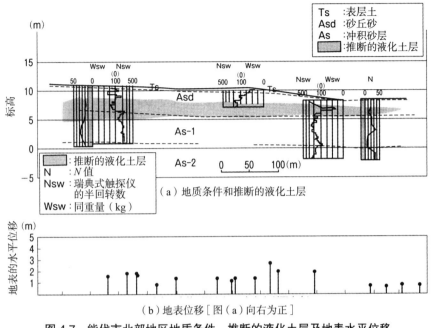

（a）地质条件和推断的液化土层

（b）地表位移［图（a）向右为正］

图 4.7　能代市北部地区地质条件、推断的液化土层及地表水平位移
（图 4.6 的 A ~ A′断面）

化土层沿测线连续分布，最厚处约 4m。图 4.7（b）是沿测线方向的地表位移，从图中可知，尽管地表平均坡度小于 0.5%，但向下的位移达到 2 ~ 3m。

4.1.3　1964 年　日本新潟地震 [1, 2, 8]

1964 年新潟地震后，建筑物下沉、倾斜；地下结构物上浮；填土滑坡及护岸的倾斜、倒塌等地基液化造成的破坏形式越来越受到工程界的重视，相应的处理方法的研究也逐渐展开。但是，定量化地研究液化地基的流动还是开始于 1983 年的日本海中部地震，这一课题的研究距 1964 年新潟地震发生相隔了 20 年。

根据地基液化程度的不同，与日本海中部地震的能代市一样，通过航拍，对 1964 年新潟地震前后地表位移进行测量，并对因液化地基流动造成的结构物破坏情况进行了调查。

图 4.8 是新潟市信浓河左岸川岸町地区地表位移的测量结果。该测量结果是用地震发生 2 年前和地震刚发生后的航拍照片算得的。水平测量精度约为 ±72cm，垂直测量精度约为 66cm。如后文所述，由于最大地表位移达 11m，因此上述测量精度是可以接受的。

从图 4.8 可见，川岸町地区靠近信浓河的地基向信浓河方向移动了 11m。另外护岸后面的长约 800m，宽约 200m 的整块地基向信浓河方向移动。同时，图 4.8 给出了新潟大学调查团队得到的地裂缝和喷砂的位置 [10]。从图可知，大部分地区都发生了喷砂现象。另外，由于护岸附近地基向信浓河方向水平移动，沿着护岸有多条地裂缝出现。

该区域地震前后的航拍照片如照片 4.7 所示。地震后护岸的边界向河心方向大范围移动，

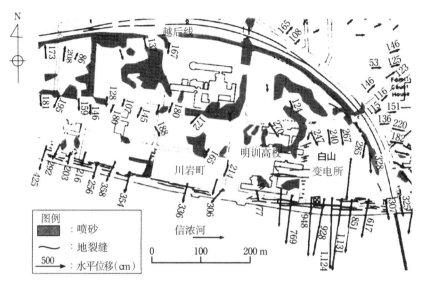

图 4.8　新潟市川岸町地区信浓河沿岸地基流动造成的位移（1964 年新潟地震）

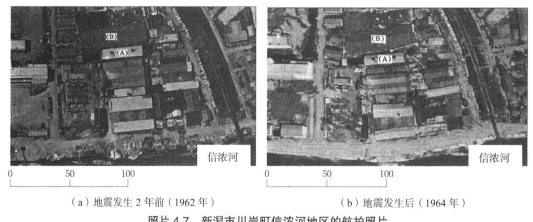

（a）地震发生 2 年前（1962 年）　　　　　　　　（b）地震发生后（1964 年）

照片 4.7　新潟市川岸町信浓河地区的航拍照片

可以作为图 4.8 测量结果的直观表达。另外，原本离护岸 100m 远的建筑物（A：住宅，B：仓库）与护岸之间间隔距离增大了许多，同时建筑物 B 的外形变歪。这主要是由于建筑物 B 周围的地基发生了不均匀水平位移引起的。

　　图 4.9 是从万代桥到八千代桥两岸的地表水平位移。两岸的地基均向河心方向大幅移动。万代桥的右岸上游一侧最大位移达 10m。但是，万代桥两岸桥台附近的地基位移相比远离桥台地点的位移大幅减小，这主要是由于桥台基础的刚度抑制了周围地基的位移。

　　图 4.10 显示了新潟地震后信浓河河面宽度大幅减小的情况。为了定量研究减小的程度，利用地震破坏后 1971 年经修复完成和地震前 1962 年的护岸的航拍照片，测量了河面宽度的减小，测量结果如图 4.10 所示。2012 年，信浓河在万代桥和八千代桥之间的河面宽度约为200m。新潟地震使河面宽度减小了 10% 以上。

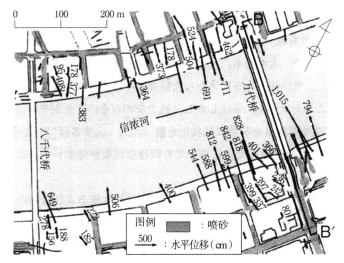

图 4.9　信浓河沿岸（万代桥～八千代桥）的流动引起的地基位移（1964 年新潟地震）

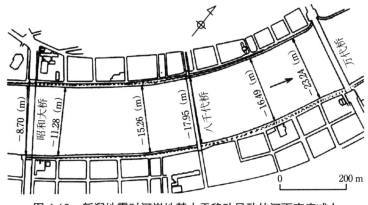

图 4.10　新潟地震时河岸地基水平移动导致的河面宽度减小

　　1964 年新潟地震发生后，经过大约 20 年后以上事实才被定量化。值得注意的是，信浓河沿岸的大部分居民在地震过后都发现河面宽度减小了，自家住宅地有所扩大。例如在地震发生 1 个月后召开的"新潟地震市民座谈会"[11]（1964 年 7 月 26 日）上，市民做了如下发言。

　　市民 A：我家距信浓河约 70m，房屋地基看上去没有很明显破坏的痕迹。但丈量了一下长度，房屋地基延长了 2.7m，同时感觉到整个街道和房屋都向信浓河方向移动了。

　　市民 B：我今天是步行到八千代桥会场的，感觉桥下面的地基向信浓河方向延伸了，地基面积也变大了。

　　市民 C：我家屋后的花坛是紧靠着房屋建的，地震过后花坛和房屋间的间隔能很轻松地过人。屋前的道路也变宽了，我家隔壁及对面的土地也变宽了，我一直困惑为何发生了这些奇怪的现象。

　　市民所发现的端倪，并未引起地震工程领域研究人员和技术人员的重视。到 1983 年发生的日本海中部地震为止，均未对液化地基的流动现象进行相关调查。期间，日本土木学会

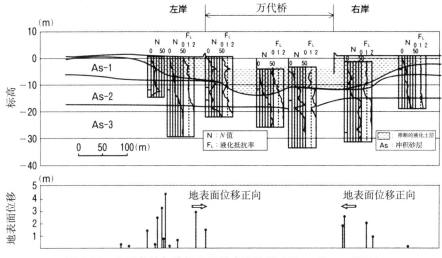

图 4.11　土质条件与液化土层的水平位移（图 4.9 的 B-B′ 断面）

照片 4.8　昭和大桥的倒塌（1964 年新潟地震）

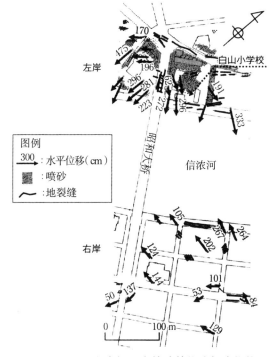

图 4.12　昭和大桥两岸的地基位移与液化状况
（1964 年新潟地震）

在新潟地震的调查报告里用到了"流砂现象"这一名词[12]，表明当时参加震害调查的研究人员和技术人员，已经有人意识到了"砂土发生了流动"，但遗憾的是，并未开展进一步地研究，直到 1983 年日本海中部地震后，才开始对液化地基流动现象展开研究工作。如后文所述，1995 年兵库县南部地震也发生了类似现象，导致很多建筑物和地下管线破坏。

图 4.11 是沿万代桥的地质横断面图，图中标示出了土质条件、推断出的液化土层范围

和地基的水平位移。由图可见，从两岸到河心，液化土层广泛分布，液化土层最大厚度达10m。由于护岸的大幅度移动，使得护岸背后的两岸地基都向河心发生了移动。

照片 4.8 是昭和大桥倒塌的情况。在河床中垂直于桥轴线打入一排钢管桩，接着在钢管桩上架设简支梁。由于地基液化，地基刚度大幅度下降，桥墩发生大变形，从而导致桥面板垮塌。昭和大桥是为了 1964 年 6 月举办的国民体育大会而建设的大桥，竣工后仅仅 15 天，就因地震而发生垮桥。图 4.12 为昭和大桥左右两岸的地表变形情况。与此对照的是，右岸变形很小，几乎没有发生喷砂现象。由于地基液化程度和地基变形程度的差异，导致左岸向河道变形，右岸向河堤变形。

如图 4.13 所示，左岸桥面梁集中垮落。图 4.14 表示河底钢管桩因地震作用被上拔后的变形情况。位于河床以下 7～8m 深处的钢管桩，发生从左向右的弯曲。基于以上事实，作者对昭和大桥垮桥的原因推测如下：以左岸地基为中心发生地基液化，左岸地基和河床向河

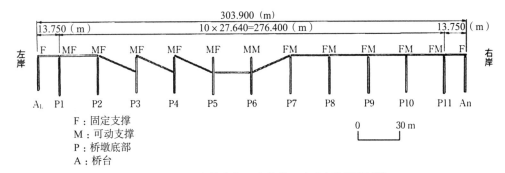

图 4.13　因地基液化而垮落的昭和大桥桥面梁[12]

心方向水平移动。由于地基位移导致钢管桩变形，相邻桥墩间的跨度增大，从而导致桥体垮塌。

昭和大桥垮桥原因另一种分析是由于构造问题导致桥体垮塌。因地基液化导致桥墩的地基强度（即支撑桥桩水平力）减少，桥体自身因地震大幅晃动而垮塌，此说法暗含昭和大桥存在桥体构造问题。图 4.13 为桥墩和桥面梁的连接示意图，图中 F 处的桥墩与桥面梁通过固定支撑相连，M 处的桥面梁与桥墩用可动支撑连接。其中，第 6 号桥墩（P6）两侧桥面梁均为可动支撑，其余桥墩一侧为可动支撑，另一侧为固定支撑。第 6 号桥墩顶部的桥面梁质量比较小，因为该桥墩的固有周期与其他桥墩的固有周期不同，导致相邻桥墩之间发生相对位移。基于上述对桥体构造的分析，地震引发桥体晃动，从而导致桥体垮塌。

然而，相关目击者的说法却否定了上述分析。该目击

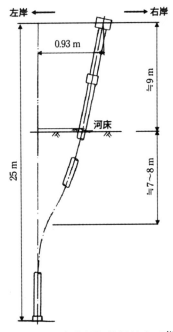

图 4.14　昭和大桥钢管桩的变形[12]

者为一名出租车司机，地震发生时他正驾车位于丁度桥中间，当时他感到桥体剧烈晃动后，下车观望。在桥体晃动减弱时，他弃车逃走，在逃走过程中他几次回头，亲眼目睹桥体垮塌的全过程[13]。从该目击者所说推测，昭和大桥垮塌开始于桥体晃动的后期。因此，地基液化而导致垮桥的推断更有说服力。

地基液化导致地基在重力的作用下发生大变形，即使地震的晃动停止，这种大变形还将持续很长时间，这与本书 3.1.1 节所述的砂土超孔隙水压力消散所需时间相符。日本东北地区太平洋近海地震中，浦安市在地震晃动结束后很长一段时间，仍有砂土及水从地表喷出。因此，昭和大桥的垮桥原因也可推测为两岸地基向河心缓慢移动而引发的。

图 4.15 为新潟市阿贺野沿岸的大形地区地表面位移测定结果。如图中阴影部分所示，以位于天然河堤上较高地势处的大形小学为中心，向阿贺野古河道的地势较低处呈发射状位移。地震后大形小学的情况如照片 4.9 所示。照片（a）为小学校园内的地裂缝；照片（b）为由于地裂缝引起校舍走廊拉裂的情况；照片（c）为地震后小学校园周边道路修复后现状，该弯曲状道路在地震前为直线。

如图 4.15 所示，该地区国道 7 号线成东西走向，地震前的直线道路如图中破折线所示，发生了大幅度的横向移动。这主要是由于国道位于天然堤防南侧略微倾斜的地基中。道路的最大水平位移达 5.6m，与通过航拍所测得的地表位移一致。

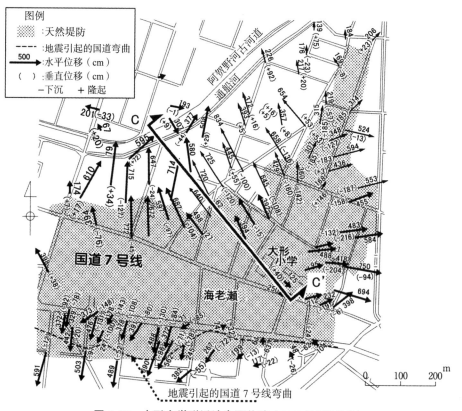

图 4.15　大形小学附近地表面位移（1964 年新潟地震）

图 4.16 为沿大形小学至通船河 C-C′ 测线的地基条件和液化土层。地表面从天然堤防上的小学向通船河倾斜，平均坡度不满 1%（图 4.16 中地基剖面图的水平和竖向刻度比例尺相差 10 倍），由此图可见，液化土层厚达 7 ~ 8m，长度超过 300m。这一倾斜的液化土层受重

（a）校园的地裂缝

（b）地基位移引起的校舍拉裂

（c）校园周边的道路

照片 4.9　地震后新潟市大形小学状况（1964 年新潟地震）

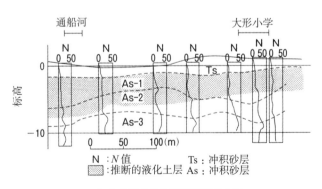

N：N 值　　　　　Ts：冲积砂层
▨：推断的液化土层　As：冲积砂层

（a）地基条件与推断的液化土层

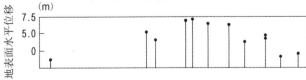

（b）C-C′ 断面（以图（a）的左方向为正）

图 4.16　地基条件与液化土层（图 4.15 的 C-C′ 断面）

力作用向下方移动。

　　新潟市内因液化地基的位移导致大量建筑物桩基及埋设管路受损，照片4.10为地震发生20年后建筑物重建时发现的混凝土桩受损情况。直径约30cm的混凝土桩多处破损，上下两处折断。图4.17（a）为桩基的破坏情况，（b）为建筑物周边的地表位移。如图（a）中所示，桩基上下两处折断，折断位置位于液化土层与非液化土层的交界面附近。下部折断点以下的地基标贯N值较大，表明未发生液化；上部折断点大约位于地下水位线附近，因而可推断折断点以上地层未发生液化。由于液化层与非液化层交界面附近桩体应力集中，从而导致桩体折断。通过对基础的开挖验证，如图4.17（a）中所示，折断桩基桩头向东南方向

（a）20年后开挖已经破坏的混凝土桩[14]　　　　（b）混凝土桩的破坏状况[14]（河
　　（河村壮一等拍摄）　　　　　　　　　　　　村壮一等拍摄）

照片4.10　因地基液化导致的混凝土桩破坏（1964年新潟地震）

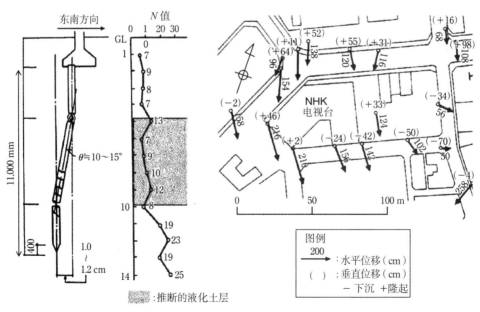

（a）桩的破坏状况与地基条件　　　　　　　　（b）建筑物周边地表面水平位移

图4.17　混凝土桩破坏状况与建筑物周边地基位移

位移 1.0 ~ 1.2m，如图（b）中所示，建筑物周边的地表位移为 1.0 ~ 2.0m，位移为东南方向。桩折断后的残余变形与地基位移一致。如照片 4.11 中所示，新潟市内的多处建筑物的混凝土桩发生了类似破坏。

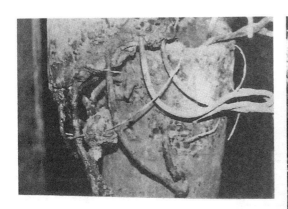

（a）新潟市法院的混凝土桩

（b）新潟宾馆的混凝土桩

（c）S 工业楼的混凝土桩

照片 4.11　因地基液化导致的混凝土桩破坏（1964 年新潟地震）

新潟市内因地基液化导致的埋设管道破坏情况也有多处报道。照片 4.12 是燃气管突出地面的状况。该燃气管是沿图 4.18 所示新潟市东大路埋设的，燃气管周边的地表面位移矢量如图 4.18 所示。据此图可知，突出地点北侧地基沿燃气管轴线方向发生了 2m 位移。与此相对的是，突出地点附近的地表面位移减小。据测量所得的地基位移可算得，地表面主应变约为 0.3% 的压缩应变。地基的压应变引起燃气管屈曲破坏，导致燃气管突出地面。

同样的，新潟市内还发现多处因埋设管道屈曲破坏而突出地面的事例。照片 4.13(a)、(b) 都是城市燃气管道，照片（c）为输送天然气的管路。

新潟市内发生地基液化的区域多处出现地震前为直线的道路，地震后因地基位移弯曲。照片 4.14 为其中的一例，该照片是沿图 4.19 的 B 地点方向拍摄的。照片 4.14 中，道路的弯曲部分地基从右向左移动了 4.7m。根据地震前的航拍测量，地表由左向右约 0.3% 倾斜，据照片 4.14 可见，地震发生后，地表仍成倾斜状。

照片 4.12　因地基液化导致的突出地表
的燃气管（1964 年新潟地震）

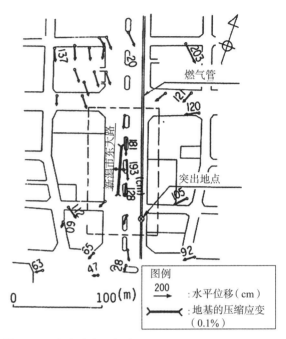

图 4.18　突出地表燃气管附近的地表位移及应变

（a）燃气管 1

（b）燃气管 2

（c）天然气管路

照片 4.13　地表位移引起埋设管路屈曲突出地表（1964 年新潟地震）

照片 4.14 地基液化引起的道路弯曲
（1964 年新潟地震）

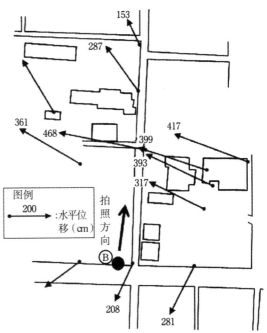

图 4.19 地基液化弯曲道路附近的地表位移
（1964 年新潟地震）

4.1.4 1995 年 日本兵库县南部地震 [15~17]

1995 年兵库县南部地震中，发生了以阪神地区填埋场地为中心的大范围地基液化。由内陆断层引发的矩震级 M_w6.9 的强烈地震动导致护岸发生大变形。同时，由于地基的液化，导致填埋土层向海边大规模移动，这些填埋土层也包括富含砂砾及细颗粒的土填埋而成的岛屿，如神户市的人工岛及六甲岛等。因此，地震后修订液化土层的判别方法时，重新考虑了砂砾土层液化的可能性。

图 4.20 为六甲岛北侧护岸附近的水平及垂直位移。沉井护岸向北侧海边水平移动 3~4m，护岸后侧填埋地基的广大范围也同样向海边移动。图 4.20 中所示的 C 点，如照片 4.15（a）中所示，六甲铁路的铁道桥桥面塌落。因地基位移导致桥墩基础向海边移动，桥面桁架的两端支座间距增大，导致桥面坍塌。根据地震后的地面测量，桥墩基础顶部向海边移动了 1m 左右。

照片 4.15（b）为塌落桥面梁及地表面的情况。地震前为水平的地层向海边大幅度倾斜，沿护岸线发生地裂缝。根据图 4.20，护岸附近的地表面下沉超过 2m，离开护岸 100m 范围的地基下沉量也达 1m 以上。

由于桥墩间跨度的增大导致桥面坍塌的情况也有发生。照片 4.16（a）是阪神高速道路湾岸线垮落的桥梁，该桥梁基础向靠海侧移动 1m。如航拍所示，桥墩附近地基被喷出的液化土所覆盖，护岸背后因护岸向靠海侧移动而导致后部出现地裂缝。照片 4.16（b）是神户

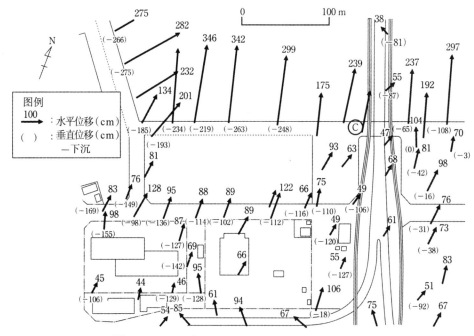

图 4.20　1995 年兵库县南部地震引起的地基液化

（a）地基位移引起的桥面梁塌落

（b）塌落的桥面梁与地表面裂缝及下沉

照片 4.15　六甲岛北侧护岸附近的状况（1995 年兵库县南部地震）

大桥的引桥，由于地基液化引起桥墩基础移动导致垮桥。

照片 4.17 为地震两天后神户市御影浜油罐库上空的航拍照片。地表面由液化喷出的砂土堆积，表明油罐库地基整体发生液化。照片中三个大的油罐是液化天然气罐，地震后油罐库附近附属管路损坏，从而导致液化天然气泄漏。因担心天然气泄漏引发的爆炸，撤离了附近的居民，所幸的是没有发生爆炸事故。

图 4.21 是油罐库的地表面位移及垂直位移。由该图可见，护岸向靠海侧移动最大约 3.5m，与此同时，油罐库整体向靠海侧移动 1 ～ 2m，地表下沉超过 1m。护岸附近的地表位移比油

罐库内的地表位移大，由此带来水平应变叠加垂直应变，使得油罐库附属管路发生大变形，导致管路损坏，致使液化天然气泄漏。

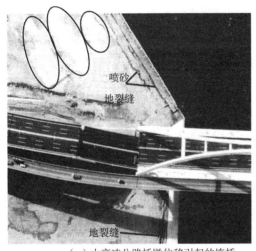

（a）由高速公路桥墩位移引起的垮桥 　　　　　（b）神户大桥的垮塌

照片 4.16　桥墩间距增大引起桥面梁塌落（1995 年兵库县南部地震）

照片 4.17　神户市御影浜油罐库地震后
状况（1995 年兵库县南部地震）

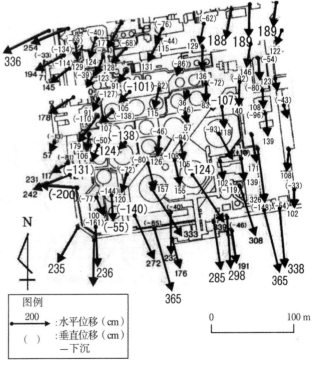

图 4.21　神户市御影浜油罐库地基位移
（1995 年兵库县南部地震）

　　图 4.22 为神户人工岛北部北公园地区地表面水平位移及垂直位移。如图所示，北公园是填海造地形成的。北公园向三面环海的方向发生水平位移，最大位移达 4m。神户人工岛地区水管折断的情况如照片 4.18 所示。由折断点附近的地表面位移所算得的地表应变如图4.22 所示，为 2.5% 的拉应变，应变方向与管轴线方向大致呈 45°，该地基拉应变导致管道焊接处折断。

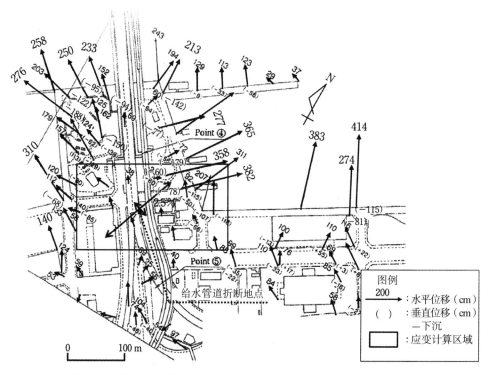

图例
200 →：水平位移（cm）
（ ）：垂直位移（cm）
　　　－下沉
□：应变计算区域

给水管道折断地点

图 4.22　神户人工岛北公园附近的地表位移（1995 年兵库县南部地震）

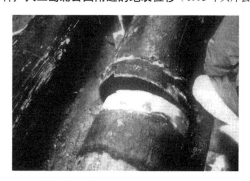

照片 4.18　地基液化引起的水管折断（1995 年兵库县南部地震）

　　兵库县南部地震引起的地基液化给生命线工程造成了极大的破坏。神户市的东滩污水处理厂是沿小运河填埋而成，运河的护岸向运河的方向大范围移动。图 4.23 是通过航拍测量所得的水平位移。运河护岸附近的地基向运河方向发生最大约 3m 的水平位移，污水处理厂地表整体发生水平位移。照片 4.19（a）为办公楼和其余设施的桩基发生折断的

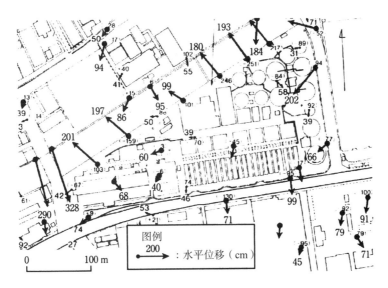

图 4.23 东滩污水处理厂因地基液化引起的地基位移（1995 年兵库县南部地震）

（a）主体建筑物桩基础的破坏（引自：阪神大地　　（b）横跨运河桥的状况（桥墩基础向运河
　　震调查报告　生命线设施的破坏与修复）　　　　　方向（左）移动）

照片 4.19 地基液化引起的桩基础破坏及移动情况（1995 年兵库县南部地震）

情况，（b）为横跨运河的人行桥桥桩基础的移动情况。

护岸附近埋设的污水管道也有未遭受因护岸移动及地基位移引发的破坏。岛上泵站是建造于神户市长田区填埋场上的。如图 4.24 所示，为建造地下室，采用了地下连续墙及直径为 100～150cm 的现浇桩基础。如图 4.25 所示，液化发生后，护岸向靠海侧移动最大达 3m，泵站的建筑物未发生变形。该事例对地基液化处理措施具有重要的参考价值。

4.1.5 1948 年 日本福井地震 [9, 18]

1948 年福井地震中，以福井平原的九头龙河、竹田河等流域为中心的广大区域发生了地基液化。内陆断层引发了矩震级 $M_w 7.3$ 的福井地震，死亡 3769 人，倒塌房屋 36184 栋，是太平洋战争后规模空前的灾难，但日本研究人员对该灾难的详细记录甚少。震中

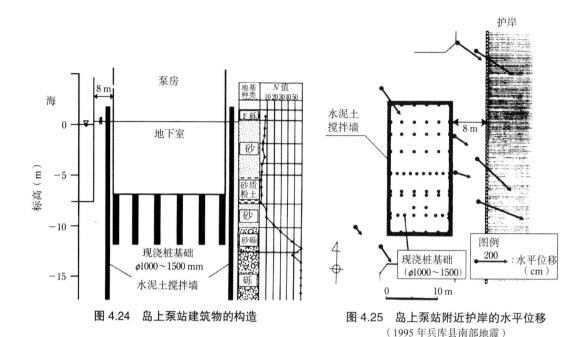

图 4.24 岛上泵站建筑物的构造

图 4.25 岛上泵站附近护岸的水平位移
（1995 年兵库县南部地震）

位于图 4.26 所示的福井平原的丸冈市附近，福井平原整体烈度 6 度。照片 4.20 是地震后 GHQ（日本驻留军指挥部）拍摄的地震发生后九头龙河流域附近的情况。照片中河流附近呈白色的区域为液化导致的喷砂地点，表明九头龙河流域发生了大范围的地基液化。图 4.27 为福井市森田町地区地基位移的测量结果。地震前后的照片均由 GHQ 拍摄，比

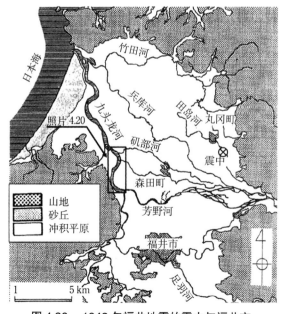

图 4.26 1943 年福井地震的震中与福井市
（图中方框为照片 4.20 的区域）

照片 4.20 九头龙河流域液化引起的喷砂状况（1948 年福井地震）
（照片中白色区域为喷砂堆积区）

例尺分别为 1 : 12000、1 : 5400，地表位移的测量精度水平方向为 ±87cm。

　　森田地区位于九头龙河的右岸，该区域内与九头龙河平行的为芳野河。该河为小河流，明治初期是九头龙河的一部分。如图 4.27 所示，芳野河的两侧为天然堤防，天然堤防上形成了村落。天然堤防与芳野河之间为古河道。地基位移方向从天然堤防经古河道至芳野河，其中，天然堤防与古河道交界附近位移较大。芳野河与九头龙河交汇处的靠芳野河左岸最大水平位移达 3.5m。与此相对，未观测到向九头龙河的位移。森田小学位于比芳野河高几米的天然堤防处，从该小学向芳野河发生地基位移。从天然堤防的上部到中部附近多处发生地裂缝，古河道附近发生大量喷砂。据附近的居民介绍，芳野河两岸向河中心位移，导致河床变窄，河水上升。

　　据图 4.28 中的地质调查所知，表层地基为砂砾及黏土的复合地层。确定液化地层时采用瑞典式贯入试验结果，半回转数 100 以下的土层界定为液化土层，据此，推断的液化土层厚度在芳野河附近达 7m。另外，地表向芳野河略微倾斜。

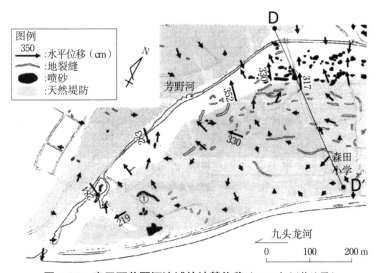

图 4.27 森田町芳野河流域的地基位移（1948 年福井地震）

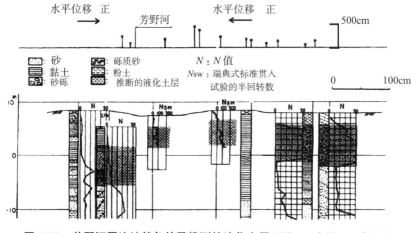

图 4.28　芳野河周边地基条件及推测的液化土层（图 4.27 中的 D-D′ 断面）

4.1.6　1993 年　日本北海道西南近海地震 [9, 19]

1993 年 7 月 12 日发生的矩震级 M_w7.7 的北海道西南近海地震中，渡岛半岛南部的沿岸区域发生了大面积地基液化。其中，朝日本海侧靠近震源附近的后志利别河流域发生了大规模地基液化，随处可见地裂缝、喷砂等情况。

根据报道，北海道西南海域地震中后志利别河流域烈度为 5 度。后志利别河流域强震观测仪没有记录，从周边的记录推断并考虑到离震源相对较近，该区域的最大地震加速度为 200 ~ 400cm/s²。

如图 4.29 所示，后志利别河发源于渡岛半岛的日本海与太平洋的分水岭，长约 80km，流经今金町、北桧山町，汇入日本海，从中游的今金町开始，河道为直线形，这是明治时期开始河道整修的结果。该流域是河水易泛滥的冲积平原。由于后志利别河的多次泛滥，导致河流反复弯折，形成了三日月湖和小河流。这些古地形对地基液化有很大影响。

根据地震前后的航拍照片（比例尺 1：4000、1：2000），对地表面的水平及垂直方向的位移以及地裂缝、喷砂、淹水区域的地基变形情况进行了分析，地基变形的测量精度水平方向为 ±22cm、垂直方向为 ±20cm。作为代表性的区域，图 4.30 为河流上游约 4km 左岸的爱知地区地基位移及变形情况。照片 4.21 为该地区斜方向的航拍照片。地基位移朝向标高较低的古河道，最大地表面位移达 3m 左右。图中的喷砂及地裂缝是通过垂直航拍照片分析所得。大多数地裂缝几乎与位移矢量正交，多见于古河道的边缘。向着古河道的位移及后志利别河的河堤向南的位移都有所见。上述成因可以推断为地基液化所引起的堤防下沉。

沿图 4.30 的 E-E′ 测线，图 4.31 所示为地基的钻孔取样调查结果。该处地层由表层填土、冲积黏土层 -1（Ac-1）、冲积砂层 -1（As-1）、冲积砂层 -2（As-2）及冲积黏土层 -2（Ac-2）构成。冲积砂层 -1 较为松散，以《道路桥规范》中规定的地表面加速度为 200cm/s² 的 F_L 作

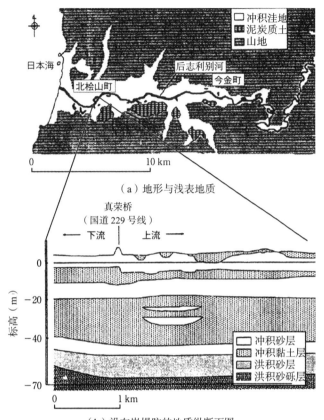

（a）地形与浅表地质

（b）沿左岸堤防的地质纵断面图

图 4.29　后志利别河流域的地形与地质图

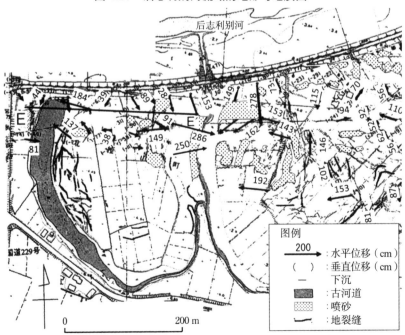

图 4.30　后志利别河流域爱知地区的地基位移与地基变形

（1993 年北海道西南近海地震）

照片 4.21　后志利别河流域的斜向航拍照片（方框中的部分为图 4.30 的地表面位移测量区域）

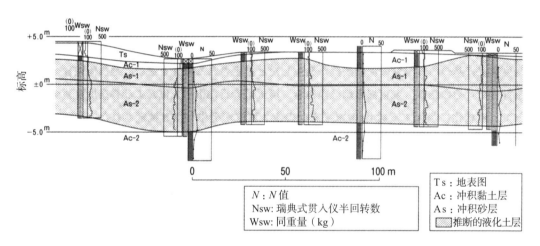

图 4.31　土质条件及推断的液化土层（图 4.30 中的 E-E′ 断面）

为判断标准的话，标贯 N 值 10 以下的饱和砂土层可认为是液化土层。该地区液化土层厚度大约为 3 ~ 7m。

4.1.7　1923 年　日本关东地震 [9, 16, 20]

关东地震是明治之后首都圈地区所经历的唯一一次大地震。弄清该地震引起的地基液化的实际情况，对今后的地震防灾工作具有重要意义。然而，用于测定地基位移的航拍照片精度不够，因此，只能通过对已有的文献资料及地震目击者的陈述展开地基液化及位移情况的研究。既有文献表明 [20]，关东地区很多地方都有喷砂、喷水、木桩上浮等情况发生，对地裂缝导致地基位移的地方，通过地震目击者的描述加以研究。研究结果表明，东京都葛饰区西龟有、埼玉县春日部市川久保及神奈川县茅琦市中岛等地区，发生了因液化导致的水平方向数米的永久位移。本书中主要对春日部市川久保地区的情况进行阐述。

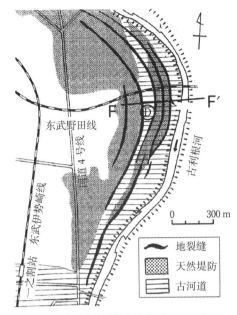

图 4.32 沿古利根河的地基变形（1923 年关东大地震）（通过地质调查所编著的关东地震调查报告及居民陈述完成[20]）

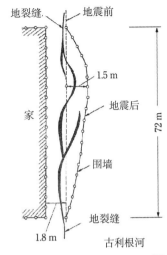

图 4.33 道路边围墙的水平移动[20]

川久保地区位于中河上游的古利根河右岸。现在的古利根河在川久保附近，是河宽 50m 左右的中小河流，约 370 年前是利根河的主河道。沿古河道新的天然堤防呈带状分布。根据地质调查所的研究报告，图 4.32 所示埼玉县的古利根河沿岸长约 2km 的范围内，河底有无数平行的地裂缝，从地裂缝中喷出水和砂。特别在川久保附近，喷砂、喷水现象严重，其淹没厚度达 15cm。地裂缝在天然堤防顶部及局部地形分界处与古利根河几乎平行。地裂缝宽度 0.6 ~ 0.9m，落差 1.2m[20]。根据当地居民的陈述，在地裂缝上所建的房屋基础因地裂缝拉裂而导致房屋倒塌。河流一侧的地基下沉，并向河流方向延伸。另外，图 4.32 中的 D 处，道路边全长 72m 的围墙发生向东即古利根河方向 1.5m 的位移，如图 4.33 所示。根据作者的实地调查，弯曲道路现在的情况如照片 4.22 所示。图 4.34 为图 4.32 中沿 F-F′ 测线的地基条件及液化土层（以地表面加速度 200cm/s² 为判断标准）。现在的地表面标高 5 ~ 7m，以平均坡度为 0.7% 的起伏状态向古利根河方向缓慢倾斜。填土下部古利根河河床堆积物主要为松散细砂及 5m 左右的中砂

照片 4.22 地基位移引起的道路弯曲（1923 年关东地震）

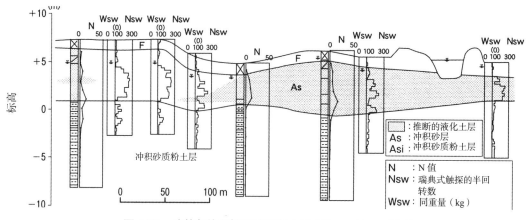

图 4.34　地基条件及推断的液化土层（图 4.32 的 F-F′断面）

层。液化土层最厚达 6m，位于地裂缝导致围墙移动处附近，并向两侧厚度递减。另外，液化土层上部及地下水位同地表面一样，向古利根河缓慢倾斜。

4.1.8　1971 年　美国圣费南多地震 [6, 21]

1971 年 2 月 9 日，美国加利福尼亚州圣费南多市发生矩震级 $M_w6.6$ 的地震，震中位于该市东北方向 13km、震源深度 8 ~ 9km。地震中以圣费南多市为中心发生了地基液化，给生命线工程造成了巨大的破坏。

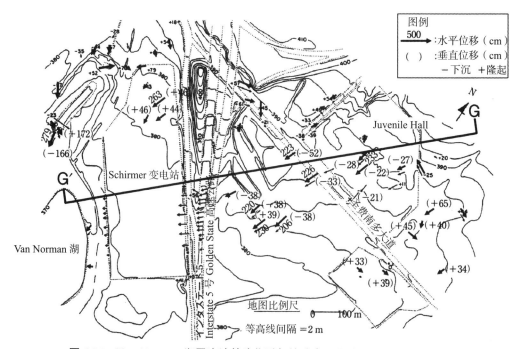

图 4.35　Van Norman 湖周边地基液化引起的地表面位移（1971 年圣费南多地震）[6]

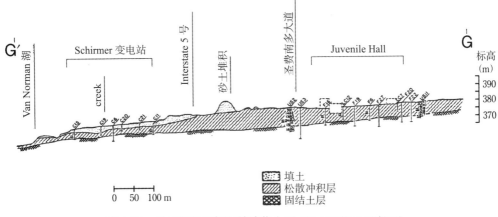

图 4.36　地基条件及推断的液化土层（图 4.35 的 G-G′断面）

地基液化及地基位移最明显的地方位于圣费南多市西部约 10km 的 Van Norman 湖周边。图 4.35 为 Van Norman 湖东岸地区地基的水平及垂直位移。水平及垂直位移的测量精度分别为 ±47cm 及 ±42cm。根据该测量结果，从 Golden State 高速到圣费南多路的区域内发生了向湖南侧 2.3m 的最大水平位移。位于圣费南多路北侧的 Juvenile Hall 附近发生了超过 2m 的水平位移，该水平位移朝向湖的南侧。O'Rourke 等 [21] 通过钻孔及瑞典式贯入试验对该区域的地基条件进行了调查。沿图 4.35 中 G-G′ 的地形及地基条件如图 4.36 所示，该图表明，地表面从 Juvenile Hall 到 Van Norman 湖为 1% 的斜坡。大部分的地基表层为松散的冲积砂层，该层发生液化并向斜坡下方移动。

4.1.9　1990 年　菲律宾吕宋岛地震 [22]

1990 年 7 月 16 日，以吕宋岛中部的山地为中心发生了矩震级 M_w7.7 级的地震，震源深度 2.5km。从震中向西北方向约 60km 的 Lingayen 湾周边地区，特别是 Dugupan 市发生了地基液化及地基位移。图 4.37 中为 Dugupan 市地基液化、非液化区域及地基移动方向和大致的水平位移。沿 Pantar 河冲积砂层的广大范围内，地基发生液化并向河流方向移动。图 4.37 为地表面的水平位移，该水平位移是通过直线道路的弯曲程度及护岸的突出程度推断而得的结果。沿 Pantar 河发生了平均 3 ~ 6m，最大 8m 的水平位移。如照片 4.23（a）所示，由于地基的移动，河岸附近建筑物向河流方向大幅度移动。另外，架设于 Pantar 河上的 Magsaysay 桥如照片（b）所示发生了垮塌，这也是河岸的地基液化造成的。

图 4.38 所示为沿图 4.37 中 H-H′ 测线的地基条件。Pantar 河西岸的广泛区域内冲积砂层堆积厚近 10m，标贯 N 值在 10 左右。地下水位在地表以下 2m，冲积砂层发生液化并向 Pantar 河方向移动。

图 4.37 Dugupan 市地基液化发生区域及地表面水平位移（1990 年菲律宾吕宋岛地震）

（a）向河心移动的建筑物　　　　　（b）液化地基流动引起的
　　　　　　　　　　　　　　　　　　　　Magsaysay 桥垮塌

照片 4.23　Dugupan 市的液化地基变形（1990 年菲律宾吕宋岛地震）

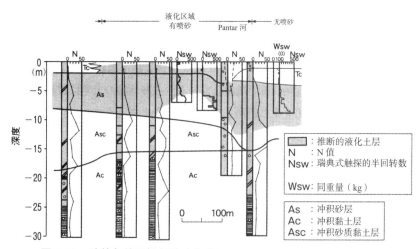

图 4.38　地基条件及推断的液化土层（沿图 4.38 中 H-H′测线的断面）

4.1.10　1999 年　土耳其 Kocaeli 地震

1999 年 8 月 17 日，以土耳其西部 Marmara 区域的 Kocaeli 为震中，发生了矩震级 M_w 7.6 级的 Kocaeli 地震，该地震死亡超过 15500 人，倒塌房屋 17 万栋，造成了巨大破坏。地震中，从 Izmit 到 Adapazari 市的广大区域内也观测到了地基液化及地基位移。特别是位于震中的 Kocaeli 西面约 20km 的 Sapannca 湖周边发生了地基液化。照片 4.24（a）是位于 Sapannca 湖岸位置的 Sapannca 宾馆。宾馆建筑物倾斜、下沉并向湖心移动，一楼浸水。如照片（c）所示，宾馆周边多处发生地裂缝及水平位移。

图 4.39 为包含宾馆建设地点的水平方向位移。地基位移的测量精度为 50 ~ 60cm，Sapannca 宾馆附近发生了最大约 3m 的水平位移。

图 4.40 为 Sapannca 湖周边的土质条件。调查地点 JS6、JS7 处砂质土堆积较厚，可以推测发生了液化。宾馆周边的调查地点 JS5、S2/6 处可见砾质土，从附近的喷砂及地裂缝的情况可推断该砾质土也发生了液化。虽然没有获得 Sapannca 湖周边的强地震动记录，但在湖西约 20km 的 Adapazari 观测到的最大加速度为 399cm/s²。

4.1.11　2010 年　新西兰 Darfield 地震

2010 年 9 月 4 日，新西兰南岛的 Christchurch 市以西约 50km 发生了以 Darfield 为震中、矩震级 M_w 为 7.1 的地震。该地震使得 Christchurch 市郊的住宅地发生地基液化。大多数的

（a）向湖心移动的宾馆建筑物

（b）宾馆周围的积水状况

地基移动

（c）地裂缝

照片 4.24　Sapannca 湖周边的侧向移动（1999 年土耳其 Kocaeli 地震）

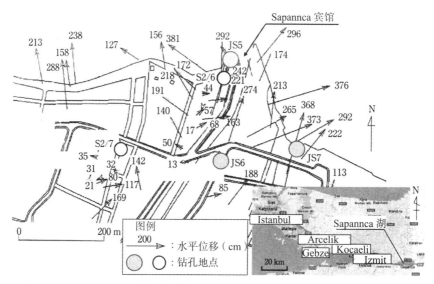

图 4.39　Sapannca 湖周边的地表位移（单位：cm，1999 年土耳其 Kocaeli 地震）

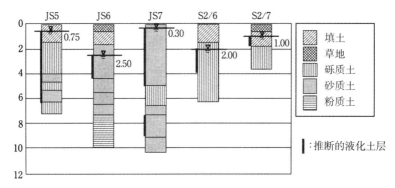

图 4.40　Sapannca 宾馆附近的土质条件（图 4.39 所示的钻孔地点）

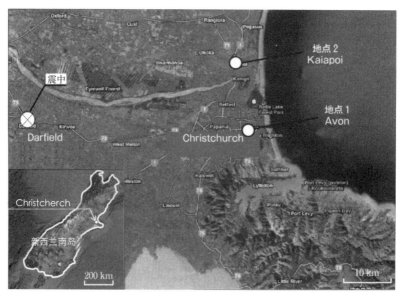

图 4.41　2010 年新西兰 Darfield 地震震中及地基液化的调查地点

住宅及给排水管道等生命线设施发生了巨大破坏。此外，多处地基发生液化，最大地表位移达 3m。作者等利用地震前后的航拍照片对如图 4.41 所示的 Kaiapoi 和 Avon 两地区的地表位移进行了测量，结果如图 4.42 所示。两地区附近均为新建住宅区，多数房屋遭到破坏，如照片 4.25（a）所示。照片（b）、（c）为因地基水平位移引起的地裂缝及道路表面破坏情况。

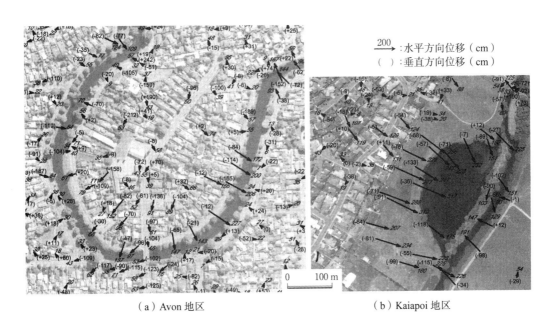

（a）Avon 地区　　　　　　　　　　　　　　　（b）Kaiapoi 地区

图 4.42　基于航拍测量的地表面水平及垂直位移（2010 年新西兰 Darfield 地震）

（a）地基水平位移引起的房屋破坏　　　　　　（b）地基水平位移引起的地裂缝

（c）地基水平位移引起道路面层破坏

照片 4.25　液化地基的移动（2010 年新西兰 Darfield 地震）

图 4.42（a）为 Avon 地区的 Avon 河大范围弯曲变形的区域。朝河流方向发生了最大约 2m 的地表面位移。由于 Avon 河的弯曲变形，砂质土缓慢堆积。图 4.42（b）为 Kaiapoi 地区的地表面位移。如照片所示，该地区原为湿地，后开发为住宅区，照片中仍留有湿地的痕迹。地基向湿地发生了最大 3.2m 的水平位移。

4.1.12　关于液化地基流动及生命线工程抗震对策的日美合作研究

如本章开头所述，在日本开始研究液化地基的流动及结构物受损的同一时期，美国也开展了 1906 年旧金山地震导致旧金山市填埋场地的流动及液化研究。基于此，日本、美国合作开展了液化地基的流动及生命线设施破坏的调查研究。为了定期地汇报研究成果和协调研究方向，两国共举行了八届研讨会（U.S.-Japan Workshop on Earthquake Resistant Design of Lifeline Facilities and Countermeasures Against Liquefaction），第一届研讨会于 1988 年在东京举行，随后，分别在美国纽约的巴法罗、旧金山、夏威夷、犹他州 Snowbird、东京、西雅图等地举行。

研讨会就"液化地基流动引起的生命线管网抗震设计与抗震加固""液化危险度地图""地表地震断层及构筑物抗震措施""生命线设施抗震评价""基于室内试验及现场调查的液化可能性评价""液化地基流动中桩基础的抗震特性""地基液化及地基流动"等课题开展了广泛的研究，这些研讨会论文集由美国国立地震工程研究中心出版 [24]。

以研讨会的举办为契机，日、美大学间开展了关于液化地基流动的合作试验及本章 4.1.8 节所述的因流动导致的位移测量及地基条件的调查。该合作研究中，日本研究人员担任地基位移的测量，美国研究人员进行了地基条件的分析。

照片 4.26　关于生命线设施地基液化抗震设计的日美研讨会

照片 4.27　地基液化及生命线设施破坏的日美合作研究 [4,6]

作为日美合作研究的成果之一，对既往地震中液化地基流动情况进行了调查。根据该调查结果，美国国立地震工程研究中心出版发行了《Case Studies of Liquefaction and Lifeline Performance During Past Earthquakes，Volume 1: Japanese Case Studies，Volume 2: United States Case Studies》[4, 6]。日本方面调查的对象为 1923 年关东地震，1948 年福井地震，1964 年新潟地震，1983 年日本海中部地震，1990 年菲律宾吕宋岛地震等。美国方面的调查对象为 1906 年旧金山地震，1964 年阿拉斯加地震，1971 年圣费南多地震，1979 年、1981 年、1987 年南加利福尼亚 Imperial Valley 地震及 1989 年罗马 Prieta 地震。

4.2　液化地基的流动机理及地基位移推断方法

4.2.1　地基流动的机理

液化地基的流动分为两种类型，如图 4.43 所示。类型 1 为 1983 年日本海中部地震时能代市观测到的地表面缓慢倾斜，地基向斜面下方位移的情况；类型 2 为 1995 年兵库县南部地震时，阪神地区的填埋地基及 1964 年新潟地震时信浓河沿岸观测到的地基流动情况，由于地震动及地基液化的影响，护岸发生大范围移动，导致护岸背后地基土发生流动。导致这两种类型流动的外力都来自于液化土层上的重力。

关于液化地基在水平方向发生数米位移的机理有如下几种观点：

（1）由于地基液化，地基刚度显著减小，在地基自重作用下发生大变形；

（2）地基大变形来自于液化砂层像流体一样的运动特性所致；

（3）液化地基中形成的水膜成为地基滑动面，从而发生大变形。

其中，（1）是将液化地基作为固体考虑，地基液化导致地基刚度减小，作为评价方法，通过以往地震中观察到的数米的地基位移来推断地基刚度的减小比率，一般而言是比较困难的；

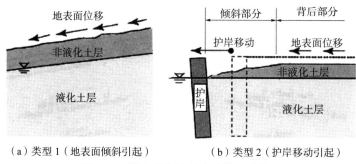

（a）类型1（地表面倾斜引起）　　　　　　（b）类型2（护岸移动引起）

图 4.43　引起液化地基流动的两种类型

（2）主要是从液化土的流体性质入手，即将液化土视为拟塑性、非线性黏性流体进行研究，从工程实用角度来看完全采用该研究方法尚有许多问题亟待解决。地基流动导致桩基破坏的调查结果表明，液化土层沿深度方向整体都发生了地基位移。（2）及（3）的机理分析都没有能够很好地解释地基变形的实际情况。

研究地基流动机理对未来地震引发的地基流动变形预测是不可或缺的。但是，从 4.1 节所述的地表面位移的观测结果可知，即使地基条件与地表面坡度相似，也会出现位移有很大差异的情况。导致这种差异的原因可能是液化地基具有类似于不稳定液体的特点。在进行地基位移预测时，需要特别留意这些问题。无论是把液化地基作为固体、利用它的刚度的数千分之一来预测地基位移，还是把液化地基作为液体或者根据滑移面来预测地基位移，这些问题都是共同的。

4.2.2　地表面倾斜引起的地基位移预测

预测将来地震发生时液化地基流动引起的地基位移，是确保结构物基础及生命线管网安全性的重要课题。作者基于 1983 年日本海中部地震及 1964 年新潟地震地表面位移的测量结果，分析了地表面坡度及液化土层厚度等因素对地表面位移量的影响，得到的统计分析式如下：

$$D = 0.75 \cdot \sqrt{H} \cdot \sqrt[3]{\theta} \tag{4.1}$$

式中，D——地基永久位移（m）；

H——液化土层厚度（m）；

θ—— 取地表面坡度及液化土层下表面坡度中的大值（%）。

根据式（4.1）得到的预测值与观测值的比较结果，如图 4.44 所示。观测值在预测值的 1/2 ~ 2 倍范围内变动，其变动范围较大的原因来自于液化地基的流动具有不稳定液体流动的特点。然而，

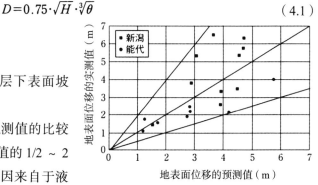

图 4.44　根据式（4.1）所得的地表面位移预测值与实测值对比结果（类型1）

式（4.1）存在以下问题：其一，式中地表面位移与坡度 θ 的立方根成比例。对地表面位移而言，坡度的影响较小，而据上述分析，作用于液化土层的自重引起地基的流动而言，地表面位移应随坡度等比例增加；其二，式中地表面位移与液化土层厚度 H 的平方根成比例。而地基变形是由于重力作用，那么从力学观点来说，地表变形应该与土层厚度的平方成比例。基于上述存在的问题，作者的研究组采用模拟地基的流动实验及作用于球体的液化土层外力实验，对流动中的液化土层剪切应变速度增加引起黏性系数减少的拟塑性流体性质进行了研究，同时，也考虑到液化土层厚度对黏性系数的影响。基于以上研究结果，将式（4.1）修正如下：

$$D = 1.5 \times 10^2 \cdot \frac{\sqrt{H} \cdot \theta}{N} \tag{4.2}$$

式中，D——地表面位移（m）；

　　　H——液化土层厚度（m）；

　　　θ——地表面坡度（仅考虑类型 1，用小数表示）；

　　　N——液化土层的平均 N 值。

基于式（4.2）的预测值与观测值的比较结果，如图 4.45 所示。同样可见，观测值在预测值的 $1/2 \sim 2$ 倍范围内变动，与式（4.1）相比，预测精度并没有显著改善。究其原因，主要是由于上述液化土层流动具有非常不稳定的特性，因此，想要精确预测是非常困难的。

F. Bartlet 等 [23] 的研究组基于日本与美国的分析结果，提出了式（4.3）所示的地表面位移预测公式。对图 4.43（a）中所示类型 1 的倾斜地基地表面位移而言，可用下式预测：

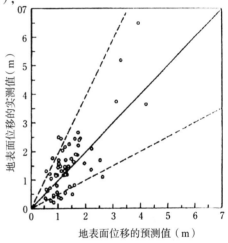

图 4.45　根据式（4.2）所得的地表面位移预测值与实测值对比结果

$$\log(D_H + 0.01) = -15.787 + 1.178\,M - 0.927\log R - 0.013\,R$$
$$+ 0.429\log S + 0.348\log T_{15} + 4.527\log(100 - F_{15}) - 0.922\,D\,50_{15} \tag{4.3}$$

式中，D_H——地表面的水平位移（m）；

　　　M——震级；

　　　R——震中距（km）；

　　　S——地表面坡度（%）；

　　　T_{15}——修正 N 值 $(N_1)_{60}$ 为 15 以下的饱和砂层厚度（m）；

　　　F_{15}——T_{15} 中所含砂层平均细颗粒含量（%）；

$D\,50_{15}$——T_{15} 中所含砂层的平均粒径（mm）

图 4.43（b）中类型 2 因护岸移动引发的地表面位移用下式计算：

$$\log(D_H + 0.01) = -16.366 + 1.178\,M - 0.927\log R - 0.013\,R$$
$$+ 0.657\log W + 0.348\log T_{15} + 4.527\log(100 - F_{15}) - 0.922\,D\,50_{15} \tag{4.4}$$

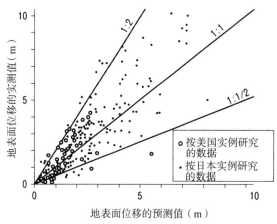

图 4.46　根据式（4.3）、式（4.4）得到的地表面位移预测值与实测值的比较图

式中，W—— 预测地基位移地点离护岸的水平距离与护岸的高度的比值，表示为地表面的坡度。

用式（4.3），式（4.4）计算所得的地表面位移预测值与实测值的比较结果如图 4.46 所示。该图中，实测值也几乎在预测值的 1/2 ~ 2 倍范围内变动。

4.2.3　护岸移动引起的地基位移预测

受地震惯性力及地基液化的影响，护岸移动引起的护岸背后地基流动变形可根据井合等人的方法进行预测。该方法由井合等人[25] 提出并被各种抗震规范采用。护岸顶部的移动量可用下式计算：

$$\varDelta = \frac{F_{\mathrm{d}}}{100} \cdot H_{\mathrm{w}} \qquad (4.5)$$

式中，$\varDelta$——护岸顶部的水平移动量；

　　　H_{w}——护岸的高度；

　　　F_{d}——护岸顶部的变形率（根据地基的液化程度提出了表 4.2 中的值）。

护岸的变形率（根据井合等人的结果）[25]　　　　表 4.2

结构形式	地震动	地基条件		变形率 F_{d}（%）
重力式护岸	L1 地震动	护岸背后有松散砂质土		5 ~ 10
		护岸背后及基础地基有松散砂质土		10 ~ 20
	L2 地震动	护岸背后有松散砂质土		10 ~ 20
		护岸背后及基础地基有松散砂质土		20 ~ 40
板桩式护岸	L1 地震动	护岸背后有松散砂质土	桩基周边为坚固地基	5 ~ 15
			桩基周边为松散砂质土	15 ~ 25
		护岸背后、桩基周边、基础地基均为松散砂质土		25 ~ 50
	L2 地震动	护岸背后有松散砂质土	桩基周边为坚固地基	15 ~ 20
			桩基周边为松散砂质土	25 ~ 40
		护岸背后、桩基周边、基础地基均为松散砂质土		50 ~ 75

此外，随着离开护岸距离的增加，地基位移逐渐减小，减小特性可用下式表示：

$$D/\Delta = \mathrm{e}^{-3.35 x/L} \tag{4.6}$$

式中，x——预测地点与护岸间的距离（m）；

　　　D——该地点的地表面位移；

　　　L——护岸到流动变形发生区域的距离（m），一般取 100m。

广江等人[26]基于 1995 年兵库县南部地震时六甲岛护岸顶部及地表面位移航拍照片的测量结果，护岸的变形率 F_d 用下式表示：

$$F_d = 0.014 H + 0.057 \tag{4.7}$$

式中，H 为计算地表面位移地点的液化土层厚度（m）。此外，离开护岸的距离与地表面位移减小的特性用下式表示：

$$D/\Delta = \mathrm{e}^{-\alpha x} \quad (\alpha = -0.0007 H + 0.0182) \tag{4.8}$$

用式（4.7）及式（4.8）对类型 2 地表面位移的预测值与观测值的比较结果，如图 4.47 所示。由此图可知，预测值与观测值也有很大差异。由此可见液化土流动预测的难度。

4.2.4　液化土的流体特性 [27, 28]

作者认为液化地基的流动变形是由液化土的流体特性所决定的。根据之一是 1983 年日本海中部地震时能代市污水管道水平移动的实例，图 4.48 所示为两

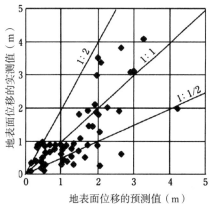

图 4.47　由式（4.7）及式（4.8）计算所得地表面位移预测值与实测值

（a）排水管道附近地表面位移

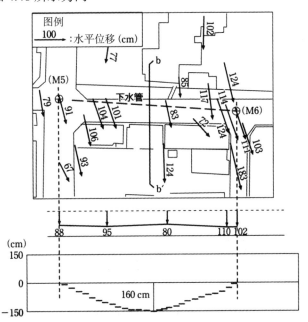

（b）垂直排水管轴线方向的地表面位移

（c）垂直排水管轴线方向的位移
　　（窨井间的相对位移）

图 4.48　污水管道的水平位移与地表面的水平位移（1983 年日本海中部地震）

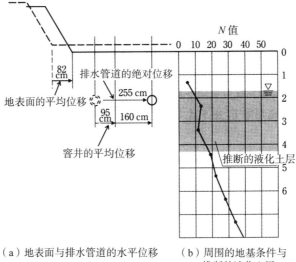

（a）地表面与排水管道的水平位移　（b）周围的地基条件与
推断的液化土层

图 4.49　地表面与污水管道的水平位移及推断的液化土层

相邻窨井（M5、M6）周边的地表面水平位移 [图（a）] 及与污水管道轴线垂直方向的水平位移 [图（c）]。污水管道的位移是用两窨井直线连接后的偏移值表示。地表面水平位移沿垂直于管道轴线方向的位移分量如图（b）所示。上述结果表明，窨井间垂直管轴线方向地表面位移达 80 ~ 110cm，将两窨井固定所得最大位移为 160cm[图（c）所示]。图 4.49（a）是两窨井间横断面地表及窨井移动情况。根据航拍结果，两窨井垂直轴线方向平均水平位移为 95cm，加上污水管道和窨井之间的相对位移，最大位移应该是 255cm。但是，地表面的平均位移仅有 82cm，该现象解释如下。

图 4.49（b）表示窨井附近的钻孔所得 N 值与推断的液化土层。地表面以下 4m 左右由 N 值小于 15 的松散砂层构成。地震发生时，地下水位深度不确定，推断其位于污水管道埋设位置以上，污水管道的水平位移比地表面的水平位移大得多。液化土层在非液化土层下部呈流体移动，其中所埋设的污水管道也随液化土一起流动。

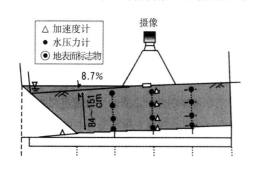

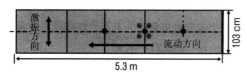

图 4.50　液化土流动实验中所用的模型地基
（重力场试验）

此外，新潟地震时，地震后从路边的侧沟下方发现了水管；信浓河左岸埋设的燃气管在地震后的发掘中未被发现，可能随液化土层一起流向了信浓河。

如果假设数米厚的液化土层的水平位移是由液化土流体特性所决定，研究液化土层的流体特性就显得十分重要了。

如图 4.50 所示，对倾斜模拟地基的液化土流动特性进行了流动试验研究，模拟地基的流动方向长 5.3m，水平宽度约 1m。地基材料采用 5、6 号的混合石英砂，平均粒径、不均匀系数、模拟地基的相对密度分别为 0.4mm、2.5、33% ~ 35%。

模拟地基的地表面呈 8.7% 的倾斜，用振幅 600cm/s^2、频率 6.0Hz 的正弦波在垂直于流动方向进行激励，使地基发生液化流动。地表面标志物的位移用摄像机记录。根据测定所得的地表面水平位移对时间的微分，求得流动速度，据此算得液化土的黏性系数。试验中改变模型地基的层厚，按表 4.3 所示进行了多组试验。本试验的主要目的是研究液化土层的厚度对流动发生的难易程度的影响。

重力场中液化土流动试验的条件　　　　　　　表 4.3

试验名	模型地基层厚 （cm）	相对密度 （%）	地表面坡度 （%）	激振加速度 （cm/s^2）	频率 （1/s）
A1	84	34	8.7	597	5
A2	100	33	8.7	590	5
A3	119	33	8.7	679	5
A4	151	35	8.7	619	5

沿模型地基的上下游方向，中间点地基的流动如图 4.51 所示。可用黏性流体的一维流动表示。从静止状态开始，地表面流动速度随时间的变化可用下式表示[27]：

$$V(t) = \sum_{i=1,3,\cdots}^{\infty} 16 \frac{H^2}{(i\pi)^3} \frac{\rho g \sin\theta}{\mu} \times \left[1 - \exp\left\{-\left(\frac{i\pi}{2H}\right)^2 \frac{\mu}{\rho} t\right\}\right] \sin\frac{i\pi}{2} \quad （4.9）$$

式中，ρ、θ、g、H、t 分别为液化土的密度、地表面坡度、重力加速度、液化土层的厚度及时间。μ 为液化土层黏性系数，假定其沿深度方向为定值，且与流动速度无关。

根据实验所得的地表面流动速度与时间的关系，对满足式（4.9）的黏性系数进行反算，反算得到的各个时刻的剪切应变速度如图 4.52 所示。图中的横坐标为剪切应变速度，该值为地表面速度除以模型地基的层厚，表示模型地基深度方向的平均剪切应变速度。根据图中结果，随着剪切应变速度的增大，黏性系数减小。此外，随着模型地基的层厚增大，

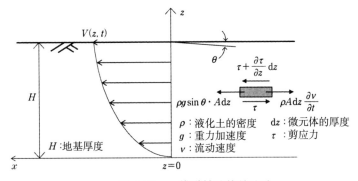

图 4.51　一维黏性流体的流动

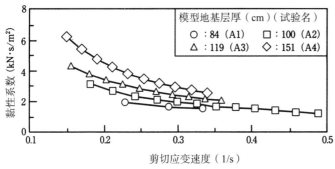

图 4.52 由模型实验所得的液化砂土的黏性系数

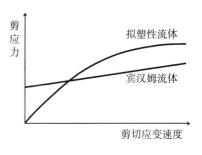

图 4.53 液化砂土非线性黏性流体性质
（剪切应变速度与剪切应力的关系）

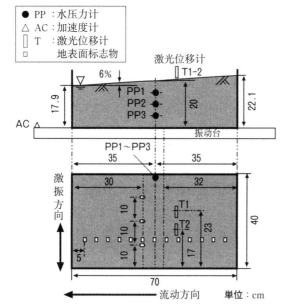

图 4.54 离心实验中液化土的流动实验

离心实验中液化土的流动实验条件 表 4.4

试验名	模型地基层厚（cm）	离心加速度（g）	相对密度（%）	激振加速度（cm/s²）	频率（Hz）
B1	20	10	35	270×10	50
B2	20	20	37	341×20	100
B3	20	30	35	373×30	150
C1	20	10	36	394×10	50
C2	20	10	41	380×10	50
C3	20	40	40	270×40	200
C4	20	40	39	350×40	200

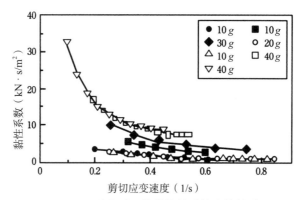

图 4.55 液化砂土的非线性黏性流体性质
（离心实验中剪切应变速度与黏性系数的关系）

黏性系数增加。上述结果表明，随着地基压力的增大，黏性土的黏性特性增加，流动变得困难。随剪切应变速度增加黏性系数减小的流体称为拟塑性流体或宾汉姆流体，如图 4.53 所示。

如图 4.54 所示，用同样的模型地基在离心机中进行试验。如表 4.4 所示，模型地基的层厚为 20cm，使离心加速度在 10 ~ 40g 内变动，即换算为实际地基，液化地基的层厚达 2 ~ 8m。与标准重力场实验相同，求解地表面的流动速度，测定了液化砂土的黏性系数，黏性系数与剪切应变的关系如图 4.55 所示。该剪切应变速度也是地表面速度与模型地基层厚相除所得值，表示模型地基的平均剪切应变速度。

根据离心实验的结果，液化砂土可用黏性系数随剪切应变速度增加而减小的宾汉姆流体或拟塑性流体进行模拟。另外，离心加速度越大即地基压力越大黏性系数也越大，意味着对流动的抵抗增加。根据标准重力场及离心实验的一系列实验结果，证实了若将液化砂土作为流体考虑，其黏性系数具有非线性特性，即黏性系数随应变速度增加而减小以及随地基压力增加而增大。

4.3　针对液化地基流动的抗震设计

4.3.1　地基的应变与埋设管路的破坏

如前文 4.1 节中所述，由流动引起的地基应变对生命线管路的破坏有直接影响。分别对图 4.43 所述的两种流动类型的地基应变进行了计算，流动类型 1 的倾斜地基应变是根据 1983 年日本海中部地震时能代市的测量结果，流动类型 2 护岸移动引起的地基应变是根据 1995 年兵库县南部地震的测定结果，分别进行计算而得到的。

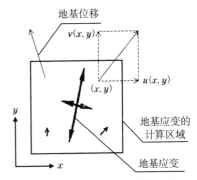

图 4.56　地基应变的计算方法

地基应变的计算方法如下：

（1）如图 4.56 所示，设定地基应变计算区域（边长 100m 的正方形），该区域内地基位移函数如下式所示：

$$\begin{aligned} x\ 方向位移 \qquad u(x, y) &= \alpha_1 x + \beta_1 y + \gamma_1 \\ y\ 方向位移 \qquad v(x, y) &= \alpha_2 x + \beta_2 y + \gamma_2 \end{aligned} \qquad (4.10)$$

式中，u、v 分别为 x、y 方向的地表面位移。

（2）位移函数中的系数 α_1~γ_2 在计算范围内的地基位移值由最小二乘法求得。

（3）由（1）求得系数 α_1~γ_2，计算地基应变。

通过以上方法对神户市人工岛北部区域地基应变进行计算，结果如图 4.57 所示。

图 4.58 为兵库县南部地震时，护岸附近区域（护岸线 100m 范围内）与内陆区域（护岸邻近区域以外）的地基应变的频率分布；图 4.59 为日本海中部地震时地基应变的频率分布。

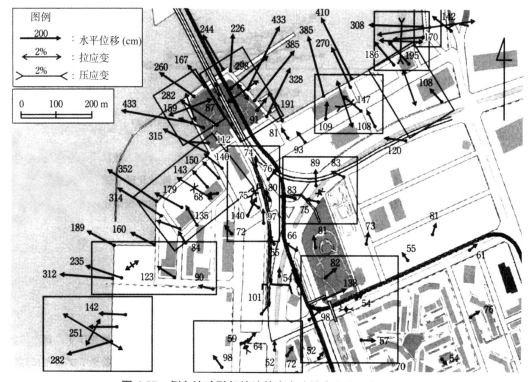

图 4.57 侧向流动引起的地基应变（神户市人工岛北部）

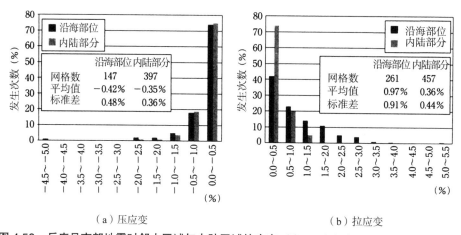

（a）压应变　　　　　　　　　　　　（b）拉应变

图 4.58 兵库县南部地震时邻水区域与内陆区域的应变 [图 4.43（b）中所示类型 2 的地基应变]

这两个区域中频率为 0.5% 以下的地基应变均未显示。

由图 4.58 可知，邻水区域与内陆区域压应变的平均值不存在较大差异(-0.42% ～ -0.35%)，内陆区域的拉应变平均值为 0.36%，邻水区域的拉应变平均值为 0.97%，为内陆区域的 2.5 倍。其原因是护岸向大海方向位移而导致其背后地基大范围水平移动。新潟地震时，地基的拉应变也是邻水区域较大。

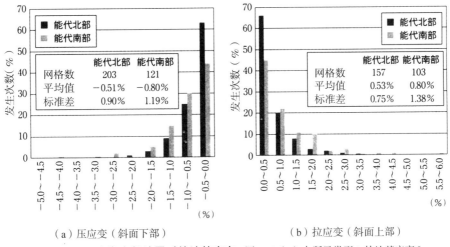

（a）压应变（斜面下部）　　　　　　　（b）拉应变（斜面上部）

图 4.59　日本海中部地震时的地基应变 [图 4.43（a）中所示类型 1 的地基应变]

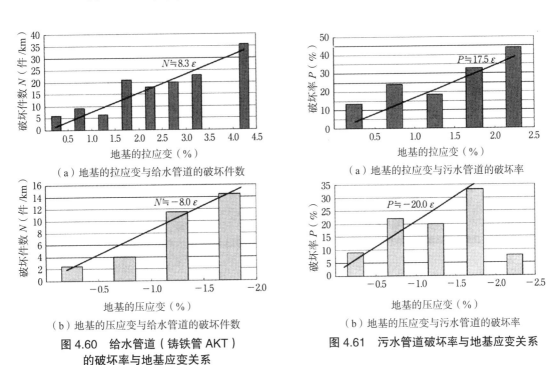

（a）地基的拉应变与给水管道的破坏件数　　　　（a）地基的拉应变与污水管道的破坏率

（b）地基的压应变与给水管道的破坏件数　　　　（b）地基的压应变与污水管道的破坏率

图 4.60　给水管道（铸铁管 AKT ）　　　　图 4.61　污水管道破坏率与地基应变关系
　　　　　的破坏率与地基应变关系

　　根据图 4.59 所示，能代市斜坡下方发生的压应变与上方发生的拉应变都在 0.5% ~ 0.8%
的范围内，最大应变超过 2% 的情况也有所见。图 4.58 及图 4.59 的结果对设定后述上水管
及污水管的流动引起的地基应变有参考价值[29, 30]。

　　图 4.60、图 4.61 分别为兵库县南部地区的地基应变、给水管及污水管道破坏率的关系。
图中的地基应变是根据边长 100m 的正方形区域内计算所得的主应变沿管轴线方向进行变换
而得到的。给水管的破坏率定义为每公里给水管的破坏个数；污水管的破坏率定义为以相邻窨井为一个基本单元，所有窨井的区间总和确定出总单元数，用破坏单元数与总单元数的比值求得。未采用抗震接头的铸铁管（AKT 型）发生了破坏，而采用抗震接头的铸铁管（SS 型）没有发生破坏。污水管道的破坏除管道自身的破损外，还有刺入窨井的破坏。

根据图示结果，给水管、污水管的破坏率都随着地基应变的增加而成比例增加。当地基的拉应变为 4% ~ 4.5% 时，每公里给水管约破坏 35 处；另一方面，当埋设污水管道的地基受到 2% ~ 2.5% 的拉应变时，约一半的污水管被破坏。

4.3.2　埋设管路的抗震设计

兵库县南部地震时，液化地基的流动造成排水管道的巨大破坏。通过对这些管道破坏程度的调查，地震后日本重新修订了《污水管道设施抗震措施指南与解说》[29] 及《水管设施抗震设计指南与解说》[30]，并在埋设管路的抗震设计中，考虑了因液化地基流动产生的地基应变对管路的影响。在给水管道的抗震设计中，考虑了如图 4.62 所示的两种类型的地基应变，其中，对于护岸移动引起的背后地基拉应变，规定其上限值为 1.5%，该值是在图 4.58（b）

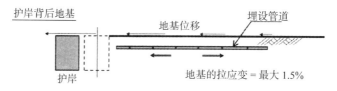

（a）护岸附近的地基 [图 4.43（b）所示类型 2]

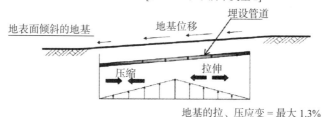

（b）倾斜地基 [图 4.43（a）所示类型 1]

图 4.62　考虑地基应变的给水管道抗震设计

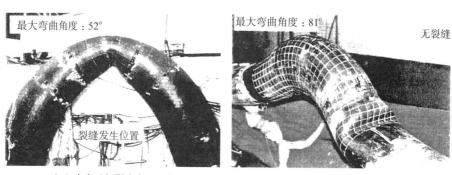

（a）内弯（极限应变 30%）　　　　　　　（b）外弯（极限应变 10%）

照片 4.28　基于足尺燃气管道的大变形试验确定极限应变

所示阪神地区填埋场地护岸附近地基应变分布基础之上，根据 80% 的非超越概率计算得到的。为了确定抗震设计所需的计算参数，采用了非超越概率的计算方法。这种方法首次在给水管道抗震设计中采用。

1983 年日本海中部地震和 1964 年新潟地震中都出现了倾斜地基的液化流动，因此在抗震设计中考虑了倾斜地基应变，如图 4.62(b)所示。倾斜地基中下部为压应变，上部为拉应变。给水管道的抗震设计中规定压应变、拉应变的上限值均为 1.3%，该值是对日本海中部地震及新潟地震进行统计分析，根据 80% 的非超越概率计算得到的。

在埋设管道抗震设计中考虑极大地基应变的同时，2003 年日本修订了《高压燃气管道抗震设计指南》[31]，该设计指南中引入了埋设管道的极限抗力。极限抗力值来自于燃气管道的足尺大变形试验结果 [32]，如照片 4.28 所示。直管受拉时，规定其最大拉应变为 30%，对弯管的应变而言，规定其最大外弯应变为 10%，最大内弯应变为 30%，这些应变值是通过变形试验中有无燃气泄漏情况而确定的。

4.3.3　基础的抗震设计

1995 年兵库县南部地震时，液化地基发生流动，造成高速公路、桥梁基础等较大的残余变形，其中也有桥墩跨度增大导致桥面垮塌的情况。

照片 4.29 为阪神高速公路 5 号湾岸线终点六甲岛的航拍图，照片中地表面白色部分为喷砂堆积区域，根据地震前后航拍照片的测定结果，该区域地表面与桥墩顶端残余水平位移如图 4.63 所示，由该图可见，桥墩底部地表面向大海方向发生 2 ~ 3m 的水平位移；桥墩顶部发生约 90cm 的水平移动。如此，液化地基流动导致桥墩破坏的现象比较明显，所以兵库县南部地震后修订的各种抗震设计标准都在基础设计中考虑了液化地基

照片 4.29　六甲岛 5 号湾岸线附近地震后的状况
（1995 年兵库县南部地震）

流动的影响。但是，在对公路桥与铁路桥的流动外力评价方面有所不同，设计中采用了不同的方法，如图 4.64 所示。

对公路桥而言，上部非液化土层施加被动土压力，下部液化土层施加相当于流动外力的土压力[33]。对上述 5 号湾岸线的桥墩顶端残余变形进行反算，求得液化土层水平土压力系数为 0.3。对铁路桥而言，根据《铁道构筑物设计标准与条文说明　抗震设计》[34]，采用地基弹簧施加地基位移的方法。根据液化土层的液化程度，将地基弹簧系数在 1/1000 ~ 1/10000 范围内进行折减。

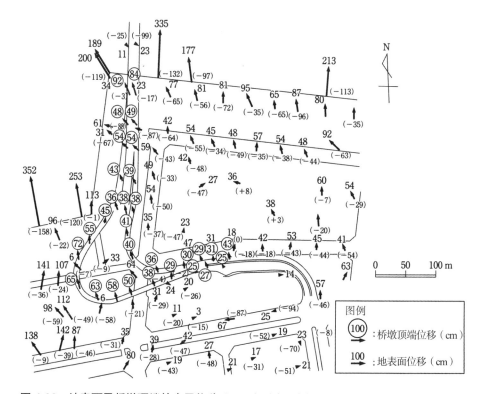

图 4.63　地表面及桥墩顶端的水平位移（1995 年兵库县南部地震，5 号湾岸线，六甲岛北部）

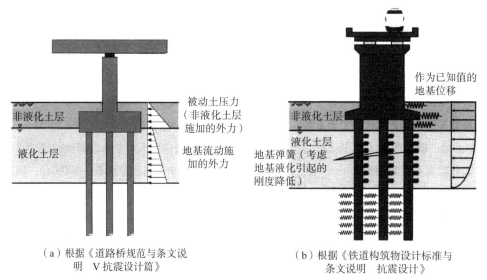

（a）根据《道路桥规范与条文说　　　　　　　（b）根据《铁道构筑物设计标准与
　　明　V 抗震设计篇》　　　　　　　　　　　条文说明　抗震设计》

图 4.64　考虑液化地基流动影响的桩基础抗震设计

抗震设计中对流动外力如何考虑存在以上两种不同方法，说明对于液化地基流动作用到基础上的力的特性尚不明确。兵库县南部地震之后，暂时提出的抗震设计方法并没有对流动外力特性了解清楚，今后随着调查研究的深入，需要合理地对上述两种计算方法进行统一[35]。

4.4　防液化地基流动的措施

4.4.1　既有护岸流动对策

1995 年兵库县南部地震时，由于护岸的大规模水平移动，填埋场地整体向大海方向水平移动，建筑物、桥梁等的桩基础及生命线埋设管网受到极大破坏。

日本大都市圈的湾岸区域广泛存在 1964 年新潟地震以前建造的旧填埋场地。这些填埋场地中的护岸、地基大多未考虑抗液化措施，液化与流动的可能性很高。并且，在这些填埋地基上建造了很多原油、石油、高压燃气等危险设施。这些填埋场地一旦发生液化流动，上部修建的设施将会遭到破坏，储存的危险物将大量流出，并有扩散到海上的危险。如果此类事件发生，将对东京湾、伊势湾、大阪湾等大都市圈沿岸半封闭海域的海上交通产生巨大的危害，也会对灾害发生后救援行动及灾害重建工作产生重大影响。此外，大都市圈的临海区域集中有各种产业、能源、商业及文化设施，如地震发生导致这些设施丧失使用功能，将会对社会活动及经济活动造成无可估量的损失。

为此，护岸背后建造的各种结构物及设施必须考虑液化地基流动的影响。本书 6.2.2 节中，对护岸（参见图 6.7）的各种抗震措施的有效性进行了研究[36]，如图 4.65 所示。

图 6.7 所示为在原设计的基础上采用了钢板桩作为护岸的抗震措施。钢板桩的前端位于 F_L 值小于 1.0 的砂层中，未打至地基下部非液化的黏土层。

在离既有护岸 10m 的位置，采用钢板桩连续墙打至非液化土层，防止地基流动造成的破坏，如图 4.65（a）所示。从既有护岸背后 5m 到宽度 14m 范围内，采用水泥添加剂加固地基，如图 4.65（b）所示；在既有护岸背后约 10m 位置处，以固定间隔、两排交错打入钢管桩（外径 1000mm，壁厚 25mm），如图 4.65（c）所示。

采用 1/50 的模拟地基在 50g 的离心实验机中对各种抗震设施减少水平位移的效果进行了研究，如图 4.66 所示，图中横坐标表示离开既有护岸的距离、纵坐标表示各个地点的地表面水平位移。

地基加固和按照间隔 4D ～ 6D（D 表示桩径）、呈正三角形布抗滑桩的方法，能大幅减少上流以侧地基的水平位移。同时，这些措施也能抑制既有护岸的位移。这是因为这些措施抑制了液化土向既有护岸方向的移动，从而减少了作用在护岸上的土压力。钢板桩地下连续墙因阻止了液化土的水平移动，使得作用于钢板桩上的外力增大，从而导致钢板桩变形，与其他抗震措施相比其抑制地基水平位移的效果较弱。与此相比抗滑桩某种程度上能够让液化土通过桩的间隙，使得作用于桩上的外力减少，能保证桩体自身的变形得到抑制。

4.4.2　既有结构物基础的流动对策

防止液化地基流动的既有结构物基础的抗震对策有：

（1）在基础周围重新打入桩基 [增设桩基工法，图 4.67（a）]；

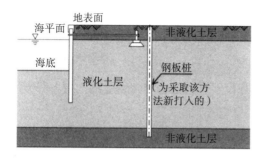

（a）钢板桩地下连续墙的方法　　　　　　　（b）地基处理的方法

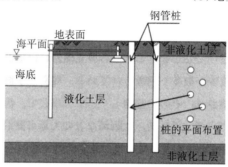

（c）交错布桩的方法

图 4.65　既有护岸的流动对策

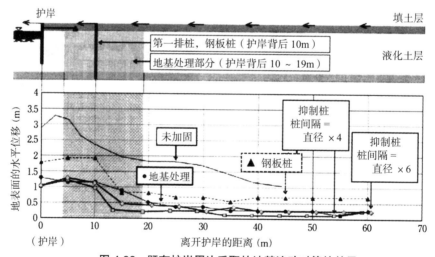

图 4.66　既有护岸周边采取的地基流动对策的效果

（2）在基础外围设置混凝土墙或钢板桩，避免流动外力直接作用于基础 [防护墙工法，图 4.67（b）]；

（3）对基础周围的地基进行注浆加固 [注浆加固工法，图 4.67（c）]。

此外，还有将结构物基础周围的地基用人工轻量土进行置换，减小流动土压力的方法（轻量土置换工法）。

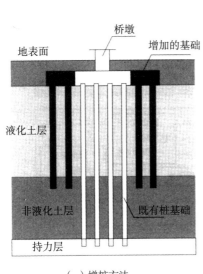

（a）增桩方法

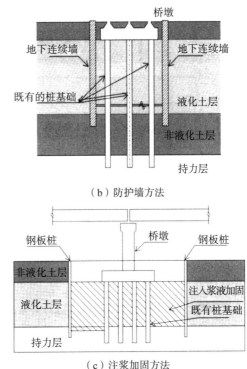

（b）防护墙方法

（c）注浆加固方法

图 4.67　结构物基础的流动化对策

　　上述的一些工法已经用于实际结构物的地基流动对策，但尚存在工期、费用及阻碍交通等问题，因此针对地基流动的基础加固工程进展不大。

　　1995 年兵库县南部地震时，液化地基流动引起桥桩基础破损，向大海方向大幅度移动，导致桥面梁坍塌。另外，液化地基流动也对生命线设施产生危害。兵库县南部地震后，规定了桥墩基础抗震设计时需考虑地基的流动。对新建桥梁的桥墩基础进行抗震设计时，已经考虑了液化地基流动的影响。然而，对既有桥墩基础受液化地基流动影响的抗震加固一直进展不大。因此，对存在上述问题的桥墩、特别是护岸及河流附近建造的桥墩基础需尽快进行加固。

　　东京湾临海区域建造了许多高层及商业设施，对这些高层建筑进行抗震设计时主要考虑了建筑物下部的地基液化影响，但并未考虑液化地基的流动影响，这主要与建筑物的设计者与护岸的管理者之间信息交流不畅有关。因此，对临海区域填埋场地上高层建筑相关的周边护岸安全性及地基流动可能性进行研究，并采取相关抗震措施是非常必要的。

参 考 文 献

[1]　濱田政則，安田進，磯山龍二，恵本克利，液状化による地盤の永久変位と地盤被害に関する研究，土木学会論文集第 376 号/Ⅲ-6，pp. 221-229，1986

[2]　濱田政則，大地は動く，地震ジャーナル No. 47，2009

[3]　能代市：昭和 58 年(1983 年)5 月 28 日日本海中部地震，能代市の災害記録，1985

[4]　Hamada, M and O'Rourke T. D., Case Studies of Liquefaction and Lifeline Performance During Past Earthquakes. Volume 1. Japanese Case Studies. Technical Report NCEER-92-0001. National Center for Earthquake Engineering Research, Buffalo, 1992

[5]　濱田政則，安田進，磯山龍二，恵本克利，液状化による地盤の永久変位の測定と考察，土木学会論文集，376 号/Ⅲ-6，pp. 211-220，1986

[6]　O'Rourke T. D and Hamada, M., Case Studies of Liquefaction and Lifeline Performance During Past Earthquakes. Volume 2. United States Case Studies. Technical Report NCEER-92-0002. National Center for Earthquake Engineering Research, Buffalo, 1992

[7]　日本道路協会，道路橋示方書・同解説，Ⅴ耐震設計編，2003

[8]　Hamada, M., Yasuda, S., Isoyama, R., Emoto, K., Study on Liquefaction Induced Permanent Ground Displacement, Association for the Development of Earthquake Prediction (ADEP), Tokyo, 1986

[9]　(財)地震予知総合研究振興会，地盤変状と地中構造物の地震被害に関する研究，第Ⅰ，Ⅱ分冊，1988

[10]　新潟大学・深田地質研究所：新潟地震地盤災害図，1964

[11]　新潟郷土史研究会「新潟地震を語る佐々座談会要旨」『郷土新潟　第 5 号　新潟地震特集』，1964

[12]　土木学会新潟地震調査委員会編，昭和 39 年新潟地震震害調査報告，1966

[13]　早稲田大学理工学研究所報告，第 34 輯，新潟地震特集号，1966

[14]　河村壮一・西沢敏男・和田曄映，20 年後の発掘で分かった液状化による杭の被害，NIKKEI ARCHITECTURE，1985 年 7 月 29 日号，pp. 130-134，1985

[15]　濱田政則，磯山龍二，若松加寿江，1995 年兵庫県南部地震　液状化・地盤変位及び地盤条件，財団法人地震予知総合研究振興会，1995（The 1995 Hyogoken-Nanbu (Kobe) Earthquake, Liquefaction, Ground Displacement and Soil Condition in Hanshin Area）

[16]　(財)地震予知総合研究振興会，軟弱地盤の地震時挙動とライフライン施設の耐震性に関する研究，1994

[17]　濱田政則，液状化地盤の流動に関する研究，土と基礎 51-12，pp. 7-10，2003

[18]　濱田政則，若松加寿江，安田進，福井地震および関東地震による永久変位，第 8 回日本地震工学シンポジウム，pp. 957-962，1990

[19]　濱田政則，安田進，若松加寿江，液状化による地盤の大変位とその被害，土と基礎 38-6，pp. 9-14，1990

[20]　地質調査所編『関東地震調査報告 1，2』，1925

[21]　T. D. O'Rourke, Large Ground Deformation and their Effects on Lifeline Facilities, 1971 San Fernando Earthquake, National Center for Earthquake Engineering Research, Technical Report NCEER-92-0002, 1992

[22]　濱田政則，若松和寿江，田蔵隆，吉田望，1990 年フィリピン地震による液状化と被害

[23]　Bartlett, S. F., and Youd, T. L., Empirical Prediction of Lateral Spread Displacement, Proceedings from the Fourth Japan-U. S. Workshop on Earthquake Resistant Design of Lifeline Facilities and Countermeasures for Soil Liquefaction, Technical Report NCEER-92-0019, Vol. I, pp. 351-366, 1992

[24]　Proceedings of U. S.-Japan Workshop on Earthquake Resistant Design of Lifeline Facilities and Countermeasures Against Liquefaction, 第 1 回～第 8 回，National (Multidisciplinary) Center for Earthquake Engineering Research, 1988, 1989, 1990, 1992, 1994, 1996, 1999, 2002

[25]　井合進，一井康二，森田年一，佐藤幸博，既往の地震事例に見られる液状化時の護岸変形量について，第 2 回阪神・淡路大震災に関する学術講演会論文集，Vol. 2，pp. 259-264，1997

[26]　廣江亜亜紀子，柿崎実沙子，古屋秀基，濱田政則，六甲アイランドにおける液状化および側方流動に関する研究，土木学会第 65 回年次学術講演会，2010

[27]　濱田政則，液状化砂の流動特性に関する実験的研究，土木学会論文集 No. 792/Ⅲ-71，pp. 13-71，2005

[28]　濱田政則，若松和寿江，液状化による地盤の水平変位の研究，土木学会論文集 No. 596/Ⅲ-43，pp. 189-208，1998

[29]　日本下水道協会，下水道施設の耐震対策指針と解説，1997

[30]　日本下水道協会，水道施設耐震工法指針・解説，2009

[31] 日本ガス協会，高圧ガス導管液状化耐震設計指針，2003

[32] Yoshizaki K, O'Rourke T. D, Hamada M, Large Scale Experiments on Buried Steel Pipelines with Elbows Subjected to Permanent Deformation，土木学会論文集 No. 724/ I -62，2003

[33] 日本道路協会，道路橋示方書・同解説，Ⅴ耐震設計編，2002

[34] 鉄道総合技術研究所，鉄道構造物等設計標準・同解説 耐震設計，1999

[35] 張　至縞，濱田政則，液状化地盤の流動が基礎杭に及ぼす外力特性に関する研究，土木学会論文集 766 号/ I，pp. 191-201，2004

[36] 濱田政則，樋口俊一，液状化地盤の流動抑制工法に関する実験的研究，土木学会論文集 A1（構造・地震工学），Vol. 66，No. 1（地震工学論文集第 31 巻），pp. 84-94，2010

第 5 章　地下结构物的地震反应特性及抗震设计

5.1　地下结构物与地基共同作用体系的分析

桥梁、建筑物等地面建筑物的动力学特性主要取决于施加在结构物上的加速度。现有的抗震设计方法中，主要包括施加静荷载的抗震烈度法和修正抗震烈度法，以及采用将地震动加速度转换为惯性力施加于结构物上计算其应力变形的拟静力方法。

那么对于地下储油罐以及隧道等地下结构物的地震反应特性是如何处理的呢？在还没有通过观测地下结构物的地震响应理解它的地震反应特性之前，一般是采用图 5.1 所示的分析模型开展研究[1]。图 5.1 的分析模型中，将地下结构物及地基视为多质点体系，将周围地基与地下结构物的相互作用视为地基弹簧，并在基岩处施加地震动加速度 $\ddot{y}(t)$。因此，地下结构物也被置换成多质点系，它和地基之间通过地基弹簧 $s_1 \sim s_n$ 产生相互作用力。按照这种思路，结构物即使在地下也具有固有振动频率和固有振动模态。

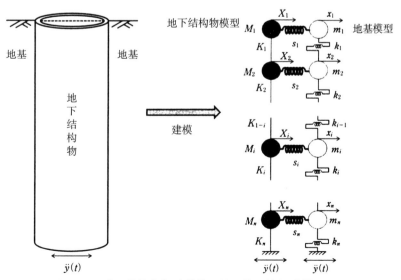

图 5.1　地下结构物与地基共同作用体系的振动模型

图 5.1 中所示的地下结构物与地基共同作用体系的振动方程如下：

地下结构物的振动方程

$$
\begin{bmatrix} M_1 & & & & \\ & \ddots & & & \\ & & M_i & & \\ & & & \ddots & \\ & & & & M_n \end{bmatrix} \begin{Bmatrix} \ddot{X}_1 \\ \vdots \\ \ddot{X}_i \\ \vdots \\ \ddot{X}_n \end{Bmatrix} + \begin{bmatrix} & & \\ & C_{ij} & \\ & & \end{bmatrix} \begin{Bmatrix} \dot{X}_1 \\ \vdots \\ \dot{X}_i \\ \vdots \\ \dot{X}_n \end{Bmatrix} + \begin{bmatrix} & & \\ & K_{ij} & \\ & & \end{bmatrix} \begin{Bmatrix} X_1 \\ \vdots \\ X_i \\ \vdots \\ X_n \end{Bmatrix}
$$

$$
= -\begin{bmatrix} M_1 & & & & \\ & \ddots & & & \\ & & M_i & & \\ & & & \ddots & \\ & & & & M_n \end{bmatrix} \begin{Bmatrix} 1 \\ \vdots \\ 1 \\ \vdots \\ 1 \end{Bmatrix} \ddot{y} + \begin{bmatrix} s_1 & & & \\ & \ddots & & \\ & & s_i & \\ & & & \ddots & \\ & & & & s_n \end{bmatrix} \begin{Bmatrix} x_1 - X_1 \\ \vdots \\ x_i - X_i \\ \vdots \\ x_n - X_n \end{Bmatrix} \tag{5.1}
$$

地基的振动方程

$$
\begin{bmatrix} m_1 & & & & \\ & \ddots & & & \\ & & m_i & & \\ & & & \ddots & \\ & & & & m_n \end{bmatrix} \begin{Bmatrix} \ddot{x}_1 \\ \vdots \\ \ddot{x}_i \\ \vdots \\ \ddot{x}_n \end{Bmatrix} + \begin{bmatrix} & & \\ & l_{ij} & \\ & & \end{bmatrix} \begin{Bmatrix} \dot{x}_1 \\ \vdots \\ \dot{x}_i \\ \vdots \\ \dot{x}_n \end{Bmatrix} + \begin{bmatrix} & & \\ & k_{ij} & \\ & & \end{bmatrix} \begin{Bmatrix} x_1 \\ \vdots \\ x_i \\ \vdots \\ x_n \end{Bmatrix}
$$

$$
= -\begin{bmatrix} m_1 & & & & \\ & \ddots & & & \\ & & m_i & & \\ & & & \ddots & \\ & & & & m_n \end{bmatrix} \begin{Bmatrix} 1 \\ \vdots \\ 1 \\ \vdots \\ 1 \end{Bmatrix} \ddot{y} + \begin{bmatrix} s_1 & & & \\ & \ddots & & \\ & & s_i & \\ & & & \ddots & \\ & & & & s_n \end{bmatrix} \begin{Bmatrix} X_1 - x_1 \\ \vdots \\ X_i - x_i \\ \vdots \\ X_n - x_n \end{Bmatrix} \tag{5.2}
$$

　　两式的右边第二项表示地基与地下结构物的相互作用，左边的第 1、2、3 项分别表示惯性力、阻尼力及结构物与地基的刚度。

　　给基岩输入地震动加速度 $\ddot{y}$（t），根据本书 2.4.3 节中所用方法可求得地基的动力响应 x_1（t）~x_n（t）及地下结构物的动力响应 X_1（t）~X_n（t）。

　　上式中，M_1~M_n、C_{ij}、K_{ij} 分别为质量矩阵、阻尼矩阵及刚度矩阵的元素，s_1~s_n 表示地下结构物与地基相互作用的地基弹簧，m_1~m_n 为地基的质量，l_{ij}、k_{ij} 分别表示地基振动的阻尼矩阵及刚度矩阵的元素，地基振动的运动方程参见式（2.44）。

　　在后述的反应位移法成为地下结构物抗震设计的基本方法之前，一般都采用公式（5.1）、公式（5.2）进行动力计算。但是，从 20 世纪 70 年代开始，海底沉管隧道、储存液化天然气的大型储气罐及储存石油的地下岩石洞库的建设得到了飞速发展，成为支撑日本交通运输及日本产业与能源基础设施的重要结构物。并且，由于这些结构物均建造于地震活跃区域，因而研究这些大型地下结构物的抗震性能成为地震工程学领域的重要研究课题。

　　到目前为止，樱井等人 [2] 研究了埋设管路在地震时的力学响应，但对断面尺寸达数十米的大型地下油库、海底隧道及岩体洞室的地震反应特征尚不明确。作者在建设公司工作期间，主要担任这些大型地下结构物的抗震设计工作，当时，为了改进地下结构物抗震设计方法，对已建成的地下油库、沉埋隧道及铁路山岭隧道等地下结构物，进行地震时的变形特性观测，并对其动力变形特性进行了分析。

5.2　地下储存罐的地震反应特性 [3]

5.2.1　地下储存罐与地基的地震观测

如图 5.2 所示，对直径为 24m、深 9m 的地下钢筋混凝土储存罐进行了地震时的动力特性观测。该储存罐主要是作为降雨时工厂排水的临时储存设施，平时罐内无水，因此在研究罐体的变形特征时没有必要考虑因储水而带来的附加质量和水体晃动的影响。构筑了深 21m、厚 60cm 的地下连续墙，将内部土体开挖后，浇筑了厚 30cm 的混凝土内壁。地下连续墙与混凝土内壁相连成为整体结构，钢筋混凝土储存罐底板的厚度达 20cm，从结构上而言与侧壁是分离的。

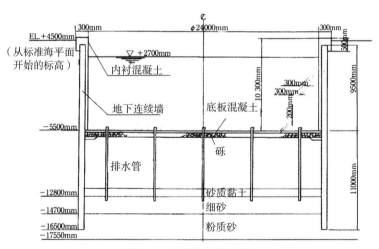

图 5.2　地下储存罐的结构

储存罐施工场地为填埋地层，其地基条件如图 5.3 所示。上部 5.8m 为填埋土层，其下部为古海底砂层及黏土层的复合地层。地表面下约 55m 为砂岩，可视作基岩层，基岩层以上的表层地层横波速度约为 150 ～ 200m/s。

为监测地下储存罐的地震反应特性，设置了监测仪器，如图 5.4 所示。图中 A 为加速度计、S 为应变计、P 为土压力计，由于布点不够合理，没有得到很好的观测结果。对基岩层上（A9）、地表面（A1、A4）与油罐上（A2、A7）的加速度进行了监测。为了研究地震时储存罐的变形特征，在油罐内侧设置应变计，监测了侧壁内侧表面圆周方向及垂直方向的应变。如图 5.5 所示，应变计采用长为 1m 的钢棒，一端嵌入油罐混凝土内表面，另一端设置差动位移传感器，应变的监测精度为 0.1×10^{-6}。

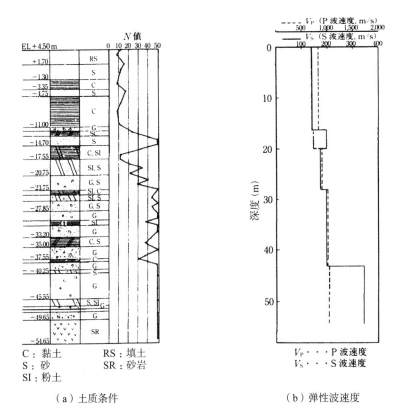

C：黏土　　　RS：填土
S：砂　　　　SR：砂岩
SI：粉土

（a）土质条件　　　　　　　　　（b）弹性波速度

$V_P \cdots$ P 波速度
$V_S \cdots$ S 波速度

图 5.3　储存罐场地基的土质条件与弹性波速

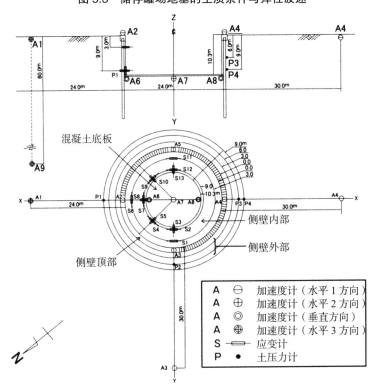

A	⊖	加速度计（水平 1 方向）
A	⊕	加速度计（水平 2 方向）
A	◎	加速度计（垂直方向）
A	⊕	加速度计（水平 3 方向）
S	▭	应变计
P	●	土压力计

图 5.4　为监测地震反应特性采用的传感器

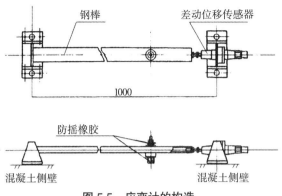

图 5.5　应变计的构造

5.2.2　地下储存罐的地震特性

图 5.6（a）、（b）为 1976 年 6 月 16 日山梨县矩震级 5.7 级地震的水平方向加速度与能量谱（X 方向为平行于图 5.6 纸面的水平方向）。由该图可见，因场地效应，地表面加速度振幅（A1、A4）均大于基岩加速度振幅（A9），储存罐上的加速度（A2:侧壁顶端，A7:底板）振幅小于地表面加速度的振幅，但相位一致。由此可知，地下储存罐与周围地基几乎同时运动。储存罐的加速度振幅较小的原因，可推断为储存罐的刚度抑制了地震的晃动。根据图（b）所示的能量谱，储存罐的卓越周期与地表面加速度的卓越周期一致，未观测到储存罐自身的卓越周期。从该观测结果可知，储存罐没有按照自身固有周期振动，而是保持与地基相同的卓越周期，振幅逐渐减小。地表面及油罐的加速度在 0.8s 附近出现卓越周期，这是表层地基的 1 次固有周期。

图 5.7、图 5.8 为储存罐侧壁内侧表面设置的应变计记录，均为圆周方向的伸缩应变。从这些应变记录可知，地下储存罐地震时的变形特征如下：据图 5.7，应变测点 S2、S7、S12 分别为中心角相隔 90º 的测点。其中，S2 与 S12 的应变波形相位几乎一致，而 S7 的应变波形与 S2 和 S12 相位相反。如将地下储存罐侧壁视为圆形梁，该观测结果表明，地下储存罐的 X 和 Y 轴可视为椭圆的短轴与长轴，发生了椭圆状变形，如图 5.9（a）所示。

图 5.7（a）为地表面两观测点（D1X、D4X）的加速度记录进行二阶积分后得到的相对位移值。图中所示为 X 方向的相对位移。X 方向地基的垂直应变用 γ_{xx} 表示，观测轴 X 的正方向表示位移差为正的压应变，负方向为拉应变。地基沿 X 方向受压为正，侧壁观测点 S2 的圆周方向应变为压应变，观测点 S7 的应变为拉应变（应变以拉为正），表明储存罐以 X 方向为短轴、Y 方向为长轴发生了椭圆变形。相反，地基受拉时，S2 为正、S7 为负，表明油罐以 X 方向为长轴、Y 方向为短轴发生了椭圆变形。

同样，图 5.8 为中心角间隔 90º 的 S4、S9 两测点的圆周方向的应变记录。两应变记录波形相位几乎相反，表明发生了与 X、Y 轴成 45º 倾角的 2 个轴为长轴、短轴的椭圆状变形。如图 5.9（b）所示。

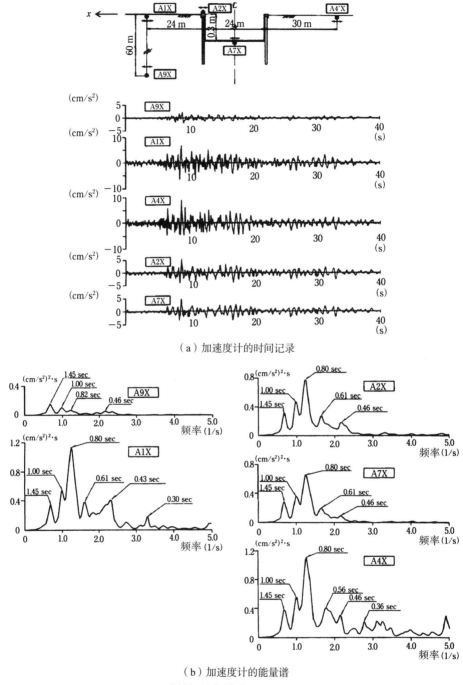

（a）加速度计的时间记录

（b）加速度计的能量谱

图 5.6　地基与储存罐的加速度记录及能量谱
（1976 年 6 月 16 日的地震，震中：山梨县；震级：5.7）

　　图 5.8 为地表面两观测点（D3、D4）Y 方向的相对位移。该相对位移可视作 X、Y 平面的剪切应变 γ_{xy}。S4 与 S9 沿储存罐圆周方向的应变记录与地基剪切应变记录类似，地基剪切应变如图 5.9（b）所示，以与 X、Y 轴成 45° 倾角的轴为长轴、短轴的椭圆状变形。

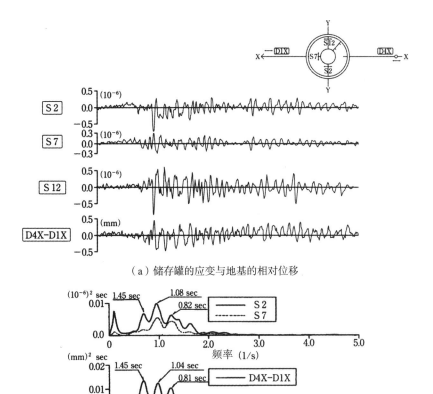

（a）储存罐的应变与地基的相对位移

（b）储存罐的应变与地基相对位移的能量谱

图 5.7　储存罐侧壁内表面圆周方向应变（S2、S7、S12）与地基的相对位移（X 方向）

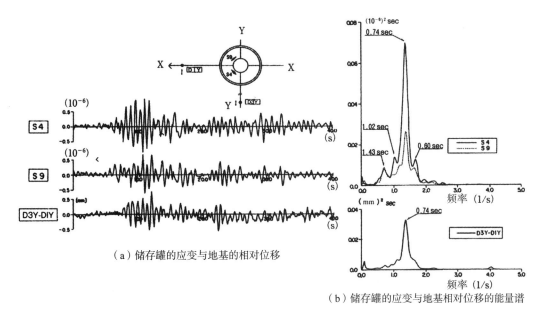

（a）储存罐的应变与地基的相对位移

（b）储存罐的应变与地基相对位移的能量谱

图 5.8　储存罐侧壁内表面圆周方向应变（S4、S9）与地基的相对位移（Y 方向）

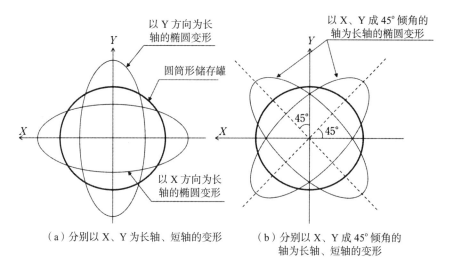

（a）分别以 X、Y 为长轴、短轴的变形　　（b）分别以 X、Y 成 45° 倾角的
　　　　　　　　　　　　　　　　　　　　　　　　轴为长轴、短轴的变形

图 5.9　地下储存罐的变形

5.3　关于地下储存罐变形的研究 [4]

　　根据地下储存罐地震时的变形特征可知，地下储存罐的变形是由周围地基的应变所决定的。本节采用计算模型对地下储存罐变形进行研究。

　　由于地下储存罐的侧壁与底板在结构上是分离的，因而，将地下储存罐视作图 5.10 所示的沿深度方向单位长度的圆形梁。图中 k_r、k_ϕ

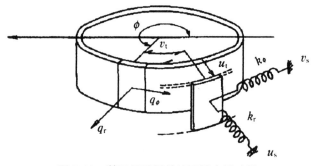

图 5.10　基于圆形梁的地下储存罐建模

分别为半径方向及圆周方向的地基弹簧系数，u_t、v_t 分别为储存罐半径方向及圆周方向的位移，q_r、q_ϕ 分别为储存罐圆周方向单位长度上作用的荷载。q_r、q_ϕ 为地基与储存罐间的相互作用力，当半径方向与圆周方向的地基位移为 u_s、v_s 时，如下式所示：

$$q_r = k_r (v_s - v_t) \tag{5.3}$$

$$q_\phi = k_\phi (u_s - u_t) \tag{5.4}$$

　　如图 5.11（a）所示，地基位移沿 X 方向为直线分布，即 X 方向的垂直应变 γ_{xx} 为定值，用中心角 ϕ 表示的 X 方向的地基位移 u_x 为

$$u_x = \gamma_{xx} \cdot x \cdot \cos\phi \tag{5.5}$$

　　用中心角 ϕ 表示的半径方向及圆周方向的地基位移 u_s、v_s 可用下式求解：

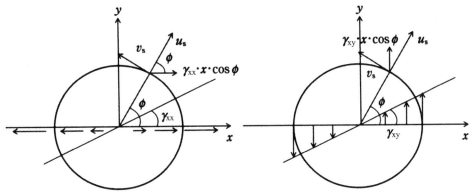

（a）垂直应变 γ_{xy} 引起的地基位移　　　　（b）剪切应变 γ_{xy} 引起的地基位移

图 5.11　基于柱坐标的地基位移

$$u_s = \frac{1}{2}\gamma_{xx} \cdot r(\cos 2\phi + 1) \tag{5.6}$$

$$v_s = -\frac{1}{2}\gamma_{xx} \cdot r \cdot \sin 2\phi \tag{5.7}$$

同时，圆周方向及半径方向单位面积上作用荷载 q_r、q_ϕ 时，圆形梁的变形如下式所示：

$$q_\phi = \frac{EI}{r^4}\left(\frac{\partial^3 u_t}{\partial \phi^3} + \frac{\partial u_t}{\partial \phi}\right) - \frac{EA}{r^2}\left(\frac{\partial^2 v_t}{\partial \phi^2} + \frac{\partial u_t}{\partial \phi}\right) \tag{5.8}$$

$$q_r = \frac{EI}{r^4}\left(\frac{\partial^4 u_t}{\partial \phi^4} + \frac{\partial^2 u_t}{\partial \phi^2}\right) + \frac{EA}{r^2}\left(\frac{\partial v_t}{\partial \phi} + u_t\right) \tag{5.9}$$

式中，u_t、v_t 分别为半径方向及圆周方向圆形梁的位移；E、I、A、r 分别为储存罐混凝土的弹模、深度方向单位长度断面的惯性矩、断面积及半径。以式（5.6）、式（5.7）为位移输入，将式（5.3）、式（5.4）、式（5.6）、式（5.7）代入式（5.8）、式（5.9）中，利用三角函数的正交性质，可求得圆形梁的变形 u_t、v_t 如下式所示：

$$u_t = \frac{1}{2}\gamma_{xx} \cdot r(e_0 + e_2 \cos 2\phi) \tag{5.10}$$

$$v_t = \frac{1}{2}\gamma_{xx} \cdot r \cdot f_2 \sin 2\phi \tag{5.11}$$

上式中各系数如下：

$$\left.\begin{array}{l}
e_0 = \dfrac{1}{1 + \dfrac{E}{k_r}\dfrac{A}{r^2}} \\[3mm]
e_2 = \dfrac{1}{\alpha_2}\left(1 + 4\dfrac{E}{k_\phi}\dfrac{A}{r^2} + 2\dfrac{E}{k_r}\dfrac{A}{r^2}\right) \\[3mm]
f_2 = \dfrac{1}{\alpha_2}\left(1 + \dfrac{E}{k_r}\dfrac{A}{r^2} + 2\dfrac{E}{k_\phi}\dfrac{A}{r^2} + 6\dfrac{E}{k_\phi}\dfrac{I}{r^4} + 12\dfrac{E}{k_r}\dfrac{I}{r^4}\right) \\[3mm]
\alpha_2 = 1 + \dfrac{E}{k_r}\dfrac{A}{r^2} + 4\dfrac{E}{k_\phi}\dfrac{A}{r^2} + 12\dfrac{E}{k_\phi}\dfrac{A}{r^2} + 36\dfrac{E}{k_\phi}\dfrac{E}{k_r}\dfrac{I}{r^4}\dfrac{A}{r^2}
\end{array}\right\} \tag{5.12}$$

同样，如图 5.11（b）所示，Y 方向的地基位移成直线分布，假定 X、Y 平面地基剪切应变为 γ_{xy}，以中心角 ϕ 表示的 Y 方向地基位移为：

$$v_y = \gamma_{xy} \cdot x \cdot \cos\phi \tag{5.13}$$

半径方向和圆周方向的地基位移 u_s、v_s 可用下式表示：

$$u_s = -\frac{1}{2}\gamma_{xy} \cdot r \cdot \sin 2\phi \tag{5.14}$$

$$v_s = \frac{1}{2}\gamma_{xy} \cdot r (1 - \cos 2\phi) \tag{5.15}$$

根据式（5.14）及式（5.15），圆形梁的变形 u_t、v_t 如下式：

$$u_t = -\frac{1}{2}\gamma_{xy} \cdot r \cdot e_2 \sin 2\phi \tag{5.16}$$

$$v_t = \frac{1}{2}\gamma_{xy} \cdot r (1 - f_2 \cos 2\phi) \tag{5.17}$$

式中，系数 e_2、f_2 如式（5.12）所示。

圆形梁内外圆的弯曲应力及轴应力 σ_M、σ_N 可用下式求解：

$$\sigma_M = \pm \frac{E}{r^2} \cdot \frac{d}{2} \left(\frac{\partial^2 u_t}{\partial \phi^2} + u_t \right) \tag{5.18}$$

$$\sigma_N = \frac{E}{r} \left(\frac{\partial v_t}{\partial \phi} + u_t \right) \tag{5.19}$$

式中，d 为圆形梁的厚度。

根据上述圆形梁模型计算所得的储存罐变形与侧壁内外圆的应力，如图 5.12 所示。由于地基的垂直应变 γ_{xx} 与 X、Y 轴为长轴及短轴成椭圆状变形，应力也成椭圆状分布。此外，剪切应变 γ_{xy} 为以 X、Y 轴成 45° 倾角的轴为长轴、短轴的椭圆状变形。

图 5.13 为计算所得的应变波形与观测应变波形的比较图，其中，单位体积的地基弹簧系数，即地基反力系数 K_r（半径方向的地基反力系数）、K_ϕ（圆周方向的地基反力系数）分别为 $4.9 \times 10^3 \text{kN/m}^3$、$2.45 \times 10^3 \text{kN/m}^3$，混凝土的弹性模量取为 $3.4 \times 10^7 \text{kN/m}^2$。计算中输入的地基应变为地表面两观测点间相对位移与两点间距离的比值，参见图 5.7 及图 5.8。计算所得的侧壁内侧表面圆周方向应变值与观测值吻合较好，证明了将地下储存罐简化为圆形梁模型的计算方法是合适的。

图 5.14 为储存罐侧壁内表面圆周方向应变与地基应变的比，即表示应变的传导率。应变的传导率可用下述无量纲参数表达：

$$\beta = \frac{K_r}{E}\frac{r^2}{d}, \qquad \frac{d}{2r}, \qquad \frac{K_\phi}{K_r} \tag{5.20}$$

式中，K_r、K_ϕ 分别为半径方向及圆周方向的地基反力系数；r 为储存罐的半径；d 为储存罐侧壁厚度；E 为混凝土弹性模量。若给定地基应变，根据图 5.14，可求得地下储存罐侧壁的应变。

由上述观测及计算结果，根据式（5.1）可排除惯性力与阻尼力的影响，地下结构物的变形可由下式求得：

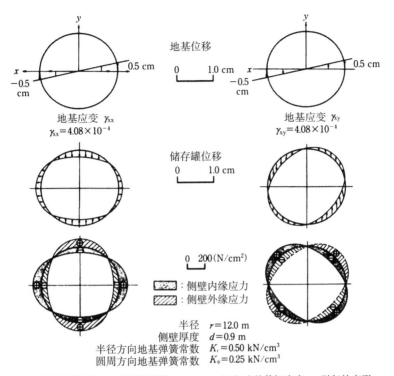

（a）地基垂直应变 γ_{xx} 引起的变形　　　　　（b）地基剪切应变 γ_{xy} 引起的变形

图 5.12　基于地基均等应变的储存罐变形与侧壁圆周方向应力

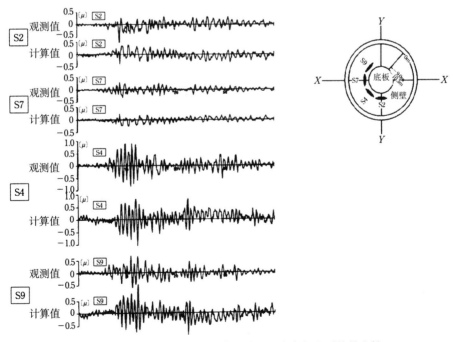

图 5.13　数值计算所得储存罐侧壁方向应变与观测值的比较

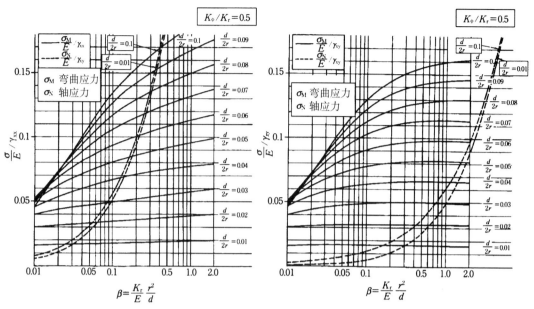

（a）地基垂直应变 γ_{xx} 引起的储存罐应力　　　　　（b）地基剪切应变 γ_{xy} 引起的储存罐应力

图 5.14　相对于地基的垂直剪切应变 γ_{xx}、γ_{xy} 而得到的储存罐侧壁圆周方向的弯曲应力 σ_M 及轴应力 σ_N 的比值（用从地基到储存罐的应变的传导率表示）

$$
\begin{bmatrix} & & & \\ & & K_{ij} & \\ & & & \end{bmatrix}
\begin{Bmatrix} X_1 \\ \vdots \\ X_i \\ \vdots \\ X_n \end{Bmatrix}
=
\begin{bmatrix} s_1 & & & & \\ & \ddots & & & \\ & & s_i & & \\ & & & \ddots & \\ & & & & s_n \end{bmatrix}
\begin{Bmatrix} x_1 - X_1 \\ \vdots \\ x_i - X_i \\ \vdots \\ x_n - X_n \end{Bmatrix}
\qquad (5.21)
$$

假定式（5.2）地基振动方程式右边第 2 项的相互作用影响较小的话，可得：

$$
\begin{bmatrix} m_1 & & & & \\ & \ddots & & & \\ & & m_i & & \\ & & & \ddots & \\ & & & & m_n \end{bmatrix}
\begin{Bmatrix} \ddot{x}_1 \\ \vdots \\ \ddot{x}_i \\ \vdots \\ \ddot{x}_n \end{Bmatrix}
+
\begin{bmatrix} & & & \\ & l_{ij} & & \\ & & & \end{bmatrix}
\begin{Bmatrix} \dot{x}_1 \\ \vdots \\ \dot{x}_i \\ \vdots \\ \dot{x}_n \end{Bmatrix}
+
\begin{bmatrix} & & & \\ & k_{ij} & & \\ & & & \end{bmatrix}
\begin{Bmatrix} x_1 \\ \vdots \\ x_i \\ \vdots \\ x_n \end{Bmatrix}
$$
$$
= -
\begin{bmatrix} m_1 & & & & \\ & \ddots & & & \\ & & m_i & & \\ & & & \ddots & \\ & & & & m_n \end{bmatrix}
\begin{Bmatrix} 1 \\ \vdots \\ 1 \\ \vdots \\ 1 \end{Bmatrix}
\ddot{y}(t)
\qquad (5.22)
$$

即地下结构物的变形可通过从地基向结构物同一方向施加的地基位移求得。该考虑方法与后述的反应位移法是相似的。

5.4 沉埋隧道动力特性的观测

5.4.1 沉埋隧道与地基的概要 [5]

对图 5.15 中的东京港内两座沉埋隧道（以下称为 A 隧道、B 隧道）的地震时变形特性进行了观测。A、B 隧道全长分别为 1035m 和 744m，其中，A 隧道有 9 节沉埋段（长110m），B 隧道有 6 节沉埋段（长 124m），均通过柔性接头连接。如图 5.16 所示，沉埋段的横断面为扁平的矩形断面，A 隧道为 6 车道的大断面，B 隧道为 4 车道的中等断面。

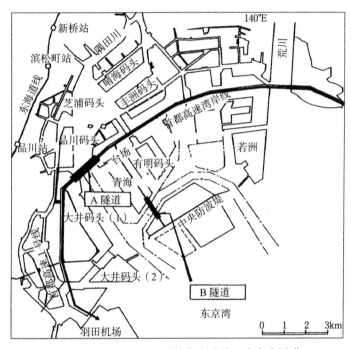

图 5.15 进行地震观测的东京港的两座海底隧道

如图 5.17 所示，B 隧道的接头由 PC 软管构成，与 A 隧道的钢质剪切销及素混凝土构成的接头相比，柔韧性较好。

A、B 两隧道施工地点的地基状况如图 5.18 所示。A 隧道主要位于剪切波速为100 ~ 150m/s 的软质冲积黏土层内，B 隧道位于剪切波速为 210m/s 左右的洪积黏土层内。相比而言，B 隧道处的地基较硬，A、B 隧道地表以下 50 ~ 60m 深处存在剪切波速为600m/s 的第三纪地层。

隧道两岸都建有通风塔，通风塔与 A、B 隧道的连接均采用较低刚度的接头，从结构上讲可视为自由端。

对 A、B 隧道的陆上部分、隧道内部的加速度（图 5.18 的 A）及隧道轴向伸缩变形引起的轴向应变与绕垂直轴的弯曲变形引起的应变进行了观测。隧道自身的应变是在车道两侧换气通道侧壁上进行监测的，如图 5.16 及图 5.18 的 S 所示。通过对两处应变记录求平均值可得由轴向伸缩变形引起的轴向应变。另外，通过对两处应变记录求差值，可求得绕隧道垂直轴的弯曲应变。

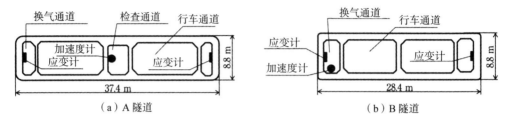

图 5.16　隧道横断面

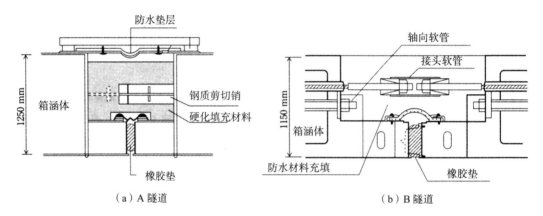

图 5.17　隧道管节间的柔性接头

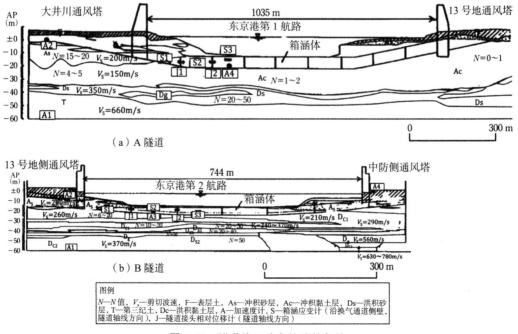

图 5.18　隧道施工地点的地基条件

5.4.2 沉埋隧道的地震特性

1974 年 5 月 9 日，伊豆半岛近海发生了矩震级 6.9 级的地震，震中距离 80km，震源深度 10km。图 5.19 表示 B 隧道的地震观测记录，包括加速度（x—隧道轴线方向；y—垂直隧道轴方向）、由轴向变形引起的轴向应变及绕垂直轴弯曲变形引起的弯曲应变。根据上述地震记录，隧道内发生的应变特性如下：主加速度位于 0 ~ 30s，轴向伸缩应变增大是在主加速度发生之后的 40 ~ 50s 之间，弯曲应变的卓越周期位于主加速度区间。由上述观测结果可知，轴向应变与地震动加速度不存在依存关系，相反，弯曲应变与加速度有所关联。另外，轴向应变振幅比弯曲应变振幅大 2 ~ 3 倍。

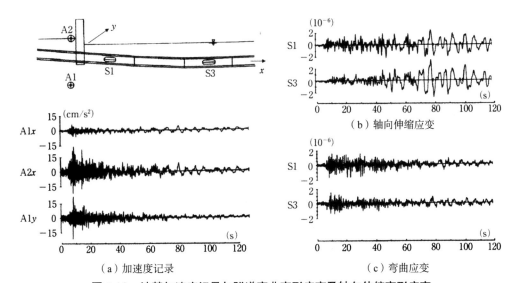

图 5.19 地基加速度记录与隧道弯曲变形应变及轴向伸缩变形应变
（1974 年 5 月 9 日伊豆半岛近海地震，B 隧道）

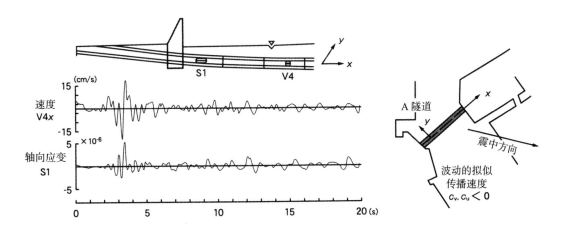

（a）速度波形与隧道轴向应变波形　　　　　（b）隧道位置与震中方向

图 5.20 隧道的速度记录与轴向应变（1980 年 9 月 25 日千叶县中部地震，A 隧道）

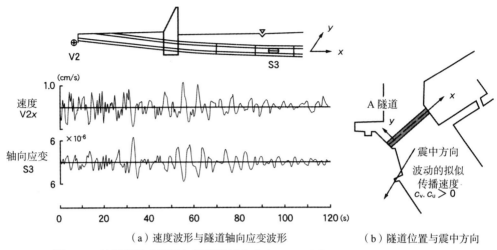

（a）速度波形与隧道轴向应变波形　　　（b）隧道位置与震中方向

图 5.21　地基的速度记录与隧道的轴向应变（1974 年伊豆半岛近海地震，A 隧道）

　　1980 年 9 月 25 日千叶县中部发生了矩震级 6.1 级地震，震中距 40km，震源深度 80km。地震时，观测到的 A 隧道轴向速度（第 3 管节，V4x）及轴向应变（第 1 管节，S1）如图 5.20 所示。由该图可知，速度波形（V4x）与轴向应变波形（S1）非常类似，相位也一致。上述伊豆半岛近海地震中，A 隧道地表面处隧道轴向速度（V2x）及轴向应变（第 3 管节，S3）如图 5.21 所示，由此图可知，轴向应变波形与速度波形类似，但相位相反。

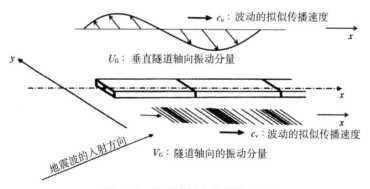

图 5.22　沿隧道轴向传播的地震波

　　以上观测结果可解释如下：如图 5.22 所示，假定地震波动引起的隧道轴向地基位移为 V_G，垂直隧道轴向地基位移为 U_G，取相应的地震传播速度 c_v、c_u 分别为隧道轴向及垂直隧道轴向的传播速度，得到如下波动方程式：

$$V_G = f\left(t - \frac{x}{c_v}\right) \tag{5.23}$$

$$U_G = g\left(t - \frac{x}{c_u}\right) \tag{5.24}$$

式中，x 为沿隧道轴线的坐标值，如图 5.20、图 5.21（b）所示，A 隧道 x 为正方向。由式（5.23）

可求得，地基 x 方向的垂直应变 γ_{xx} 为：

$$\gamma_{xx} = \frac{\partial V_G}{\partial x}$$

$$= -\frac{1}{c_v}\frac{\partial V_G}{\partial t} \tag{5.25}$$

绕地基垂直轴旋转的曲率 ρ 可由公式（5.24）求得：

$$\rho = \frac{\partial^2 U_G}{\partial x^2}$$

$$= \frac{1}{c_u^2}\frac{\partial^2 U_G}{\partial t^2} \tag{5.26}$$

式（5.25）表明，地震动 x 方向速度 $\frac{\partial V_G}{\partial t}$（称为粒子速度）与地基的 x 方向垂直应变 γ_{xx} 相似。传播速度 c_v 如为正，表示速度与地基应变相位相反；c_v 为负，则相位相同。同时，由式（5.26）可知，地基位移曲率与隧道垂直轴线方向加速度相似。

如图 5.20 及图 5.21 所示，从 A 隧道与震中位置的关系可知，伊豆半岛地震中传播速度为正，千叶县地震中为负。由隧道轴向伸缩变形引起的应变可认为是由地基应变决定的，这可从图 5.20 和图 5.21 所示的观测结果获知。另外，如图 5.19（c）所示，隧道弯曲变形引起应变的卓越周期位于图（a）所示的主加速度部分，这表明，弯曲变形引起的应变对加速度起主要作用，亦可通过式（5.26）理解。

5.5 岩体洞室动力特性与计算 [6]

5.5.1 岩体洞室的抗震性能

长期以来，地下发电厂及山岭隧道等岩体内开挖洞室的地震稳定性问题没有引起研究者的关注。这是因为只要岩体洞室开挖时能保证安全，那么从经验上其地震时稳定性一般均可保证。同时，岩体内部地震动一般小于冲积地层等第四纪地层，也是理由之一。事实上，在坚硬岩体中建造的地下洞室没有发生过如地上建筑物那样巨大的地震破坏。以往地震中有关于隧道破坏的情况，但也主要集中于洞口或断层处，完好岩体中一般没有出现破坏情况。

然而，近年来建设的岩体储油库及未来计划建造的高放射性核废料储存洞室等与现有的岩体洞室相比，对抗震性能要求更高，因此有必要对岩体洞室在地震时的稳定性问题进行探讨。

5.5.2 山岭隧道的地震特性

对隧道进行地震观测时所配置的应变计及加速度计如图 5.23 所示。隧道断面为单线铁路马蹄形隧道，混凝土衬砌厚度 30cm，围岩为无涌水的稳定板岩。根据室内试验，岩石剪切波速为 2.7 ~ 3.6km/s，单轴压缩强度为 49 ~ 225MPa。

隧道全长 4600m，观测区域距隧道洞口 550m，观测区域上方土层厚度 110 ~ 130m，表

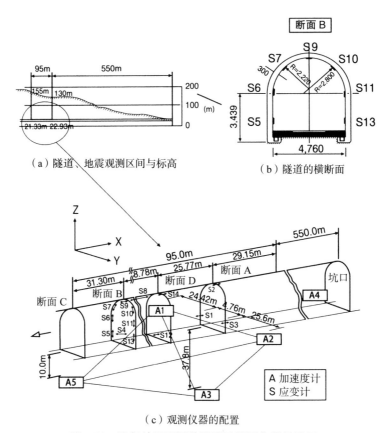

（a）隧道、地震观测区间与标高　　（b）隧道的横断面

（c）观测仪器的配置

图 5.23　进行地震观测的隧道及监测仪器的配置

层为厚度约 10m 的崖锥堆积土。

　　对洞口（A4）及岩体内（A1～A3、A5）3 方向的加速度进行了观测。在岩体内的 4 台加速度计分别位于水平及垂直钻孔内，呈三角锥形布置。三角锥所覆盖的岩体范围为轴向 66m、水平方向 55m、垂直方向 41m 的区间。

　　在混凝土衬砌内表面设置 13 台应变计（S1～S13），对隧道轴向及横向应变进行了测定。另外，通过每 12m 间隔混凝土衬砌施工缝测定了隧道轴向的相对位移（S14），应变计为长 50cm 的钢棒与差动位移传感器，应变监测精度可达 0.2×10^{-6}（参见图 5.5）。

　　在约 4 年的观测期间内，烈度 2 以上的地震发生了 11 次，其中发生最大加速度及最大应变的地震为 1982 年 6 月 1 日气仙沼近海地震，震级 6.3，震源深度 40km，震中距 65km，加速度波形如图 5.24 所示。图中 X、Y、Z 分别表示隧道轴向、水平向及垂直向。

　　根据图 5.24（a）所示的轴向加速度波形，岩体内 4 个测点的波形非常相似，表明该区域内地震动相同。此外，根据图 5.24（b）、（c）的 Y、Z 方向加速度波形，隧道横断面侧向约 25m 处的测点 A1 与下方 38m 处的测点 A3 的加速度相似。

　　由上述观测结果可知，距离洞室表面 5～6 倍跨度处，通过洞室传播的散射波对地震动

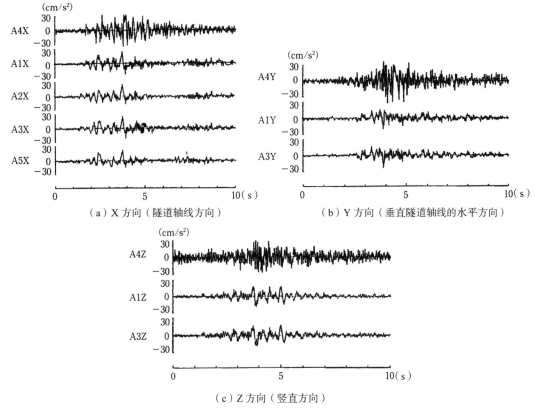

（a）X 方向（隧道轴线方向）　　　　（b）Y 方向（垂直隧道轴线的水平方向）

（c）Z 方向（竖直方向）

图 5.24　隧道中观测的加速度（1982 年 6 月 1 日气仙沼近海地震，震级 6.3，震源深度 40km，震中距 65km）

的影响较小，洞口 A4 处三个方向的加速度有明显增幅。

　　图 5.25 表示相对于岩体内测点 A1 最大加速度的洞口 A4 的最大加速度。洞口处加速度的增幅比例是水平两个方向为 1.5 ~ 3.0，垂直方向为 1.0 ~ 3.0，洞口处加速度增幅的原因除了洞口为自由表面以外，隧道表层为厚度约 10m 的崖锥堆积土也是原因之一。

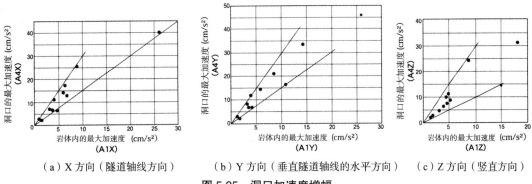

（a）X 方向（隧道轴线方向）　　（b）Y 方向（垂直隧道轴线的水平方向）　　（c）Z 方向（竖直方向）

图 5.25　洞口加速度增幅

驹田、林等[7]对地下发电站进行了地震观测，地表面加速度增幅比例是水平方向为 1.0～3.0，垂直方向与水平方向相比，增幅比例较低，约为 1.0 左右。另外，根据冈本等的观测，地表面最大加速度与岩体内最大加速度的比为 1.0～3.0，平均大约为 2.0 左右。由上述观测结果可知，与地面设施相比，在进行位于岩体内部各种设施抗震设计时采用的地震动值，某种程度上可以有所降低。

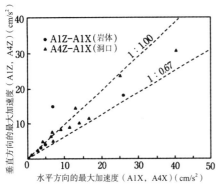

图 5.26　垂直方向及水平方向最大加速度

图 5.26 表示垂直最大加速度与水平最大加速度的比，该比值在洞口与岩体内部没有很大差别，大致在 0.7 以上。根据前述驹田等对地下发电站的观测结果，垂直方向最大加速度与水平方向最大加速度的比为 1/2 以上。

根据野田等[9]在《港湾区域强震观测年报》及土木研究所《土木结构物的强震记录》中发表的结果，认为垂直方向最大加速度与水平方向最大加速度的比为 1/2 以下。野田等的观测对象位于平坦地区，而驹田及作者等的观测对象主要位于地表面形状复杂的山岭地带，可以认为这是造成两者数据相异的原因之一。

5.5.3　山岭隧道地震时的变形特性[10]

1978 年宫城县近海地震的余震（1978 年 6 月 21 日气仙沼近海地震，震级 5.8，震源深度 50km，震中距 110km）的应变记录，如图 5.27 所示。图（a）表示轴向应变（S1、S4）及混凝土施工缝处的相对位移（S14），S1 和 S4 为相距 35m 两测点的应变，S14 为该区间内施工缝处的相对位移，由于这三种波形较为相似，隧道在此区间发生了几乎一样的伸缩变形。

图 5.27（b）表示上述宫城县近海地震余震时，断面顶部（S9）及侧壁（S5、S6、S11）横断面方向的应变。四个观测点的应变记录非常相似，对各自相位的关系描述如下：断面顶端（S9）的应变与侧壁应变（S5、S6、S11）相位几乎相反，然而，两侧壁处的应变（S6、S11）相位一致，由此可知，隧道横断面的变形是由多种变形模式复合而成的。从图 5.27（b）的结果可知，对应于侧壁应变以及拱顶应变的变形模式是关于图 5.28（a）所示的垂直轴 Z 对称的。

图 5.27（c）表示拱部 45° 处（S7、S10）横断面方向的应变，两测点的应变记录非常相似，但相位几乎相反，由此可知，对应于拱部 45° 处应变的变形模式是关于 Z 轴反对称的，如图 5.28（b）所示。

根据地下储存罐及沉埋隧道等地下结构物地震反应特性的研究结果，地下结构物地震时的变形与应变由周围地基的相对位移即地基应变所决定。硬岩隧道的衬砌变形同样可认为由周围地基的应变决定。从以上观点出发，如图 5.23（c）所示，在岩体内设置了多个加速度计，试图监测岩体在地震时产生的相对位移即岩体的动应变，然而，由于观测点之间相距达数十

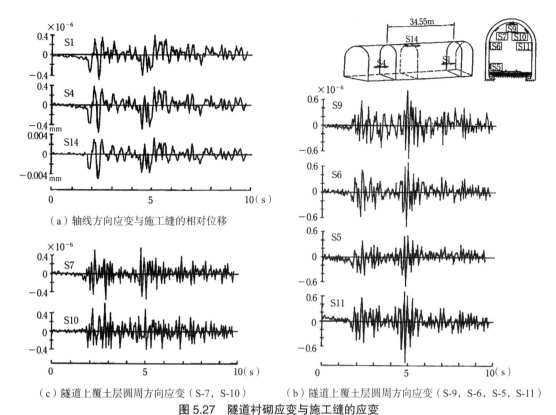

（a）轴线方向应变与施工缝的相对位移

（c）隧道上覆土层圆周方向应变（S-7，S-10）　　（b）隧道上覆土层圆周方向应变（S-9，S-6，S-5，S-11）

图 5.27　隧道衬砌应变与施工缝的应变

（1978 年 6 月 21 日气仙沼近海地震，震级 5.8，震源深度 50km，震中距 110km）

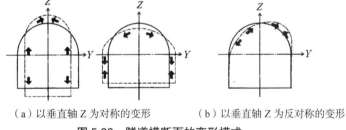

（a）以垂直轴 Z 为对称的变形　　（b）以垂直轴 Z 为反对称的变形

图 5.28　隧道横断面的变形模式

米，监测应变精度不高。因此，根据以下方法，对岩体的动应变做如下推断[6]。

（1）地震波入射方向的同定:利用岩体内观测得到的 X、Y、Z 三方向的加速度记录（A1 地点的观测记录，除洞口的观测点以外，观测区域内所有记录非常相似），求解地震动的主轴，确定地震波动的入射方向。

（2）入射 P 波、SV 波、SH 波的算出:由 X、Y、Z 三方向的加速度记录，确定 P 波（在入射方向振动的波）、SV 波（在垂直面内与入射方向垂直的波）、SH 波（在水平面内与入射方向垂直的波）。

（3）岩体内三维六分量的应变记录的算出:在（2）计算得到的 P 波、SV 波、SH 波（假定地表面水平，从观测点到地表面的土层厚度130m）的反射波的基础上，与入射波合成求解图 5.29（a）所示 X、Y、Z 三维空间的六分量应变。

虽然将观测地震动都作为输入的 P 波，SV 波、SH 波会存在一些问题，但是如下所示，计算得到的隧道衬砌应变与观测得到的应变几乎一致，可以认为上述岩体应变的计算方法是可信的。

通过上述方法求得的岩体应变与隧道衬砌应变如图 5.29 所示。图（b）为轴向应变（S4），与同方向岩体 X 方向的垂直应变 γ_{XX}，两者类似，隧道的轴向应变（S4）比岩体应变 γ_{XX} 小 60% ~ 70%，可以认为是由于每 12m 设置的混凝土施工缝对岩体应变吸收的结果。

拱顶应变（S9）与侧壁上部应变（S6、S11）是由与 Z 轴对称的横断面内 [图 5.29（a）所示 Y、Z 面] 的垂直应变 γ_{YY}、γ_{ZZ} 确定的。岩体应变的 Y 方向的垂直应变 γ_{YY} 与波动的入射方向 Y 轴成直角，与其他应变分量相比较小，由此可知，该地震中，Z 方向的垂直应变 γ_{ZZ} 是由横断面的对称变形所决定的。图 5.29（c）的结果表明，侧壁（S6）的应变与垂直应变 γ_{ZZ} 有很强的相关性。隧道中观测得到的应变比岩体中的应变稍大，可以认为洞室的形状对应变具有增幅效应。

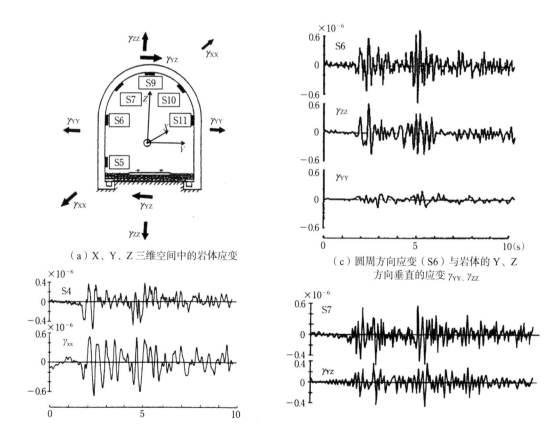

（a）X、Y、Z 三维空间中的岩体应变

（b）轴线方向的应变（S4）与岩体的竖向应变（γ_{XX}）

（c）圆周方向应变（S6）与岩体的 Y、Z 方向垂直的应变 γ_{YY}、γ_{ZZ}

（d） 圆周方向的应变（S7）与 Y、Z 平面内的剪切应变（γ_{YZ}）

图 5.29　岩体应变与隧道衬砌的应变

拱部 45° 处的横断面位移（S7、S10）由前述变形的反对称性质可知，是由 Y、Z 面内的剪切应变 γ_{YZ} 决定的，图 5.29（d）所示的隧道衬砌应变与岩体应变 γ_{YZ} 的相似性与上述结果相一致。由此表明，与岩体应变相比，隧道衬砌观测得到的应变较大，岩体应变在洞室部位受到了增幅作用。

5.6　反应位移法

5.6.1　反应位移法的思路

从地震时地下储存罐、海底隧道及山岭隧道的变形特性的观测结果中可知，地下结构物地震时的变形主要由周围地基的应变决定。基于这一观测结果，提出了反应位移法。

反应位移法的思路可用图 5.30（a）所示的埋设管道为例加以说明。如图中所示，假定某时刻沿埋设管道轴向任意点，垂直管轴线方向的地基位移为 $u_{\mathrm{G}}(x)$，其中 x 为埋设管道轴线方向坐标，地基位移后埋设管道的变形 $u_{\mathrm{p}}(x)$ 可按如下考虑：

（1）埋设管道刚度较大、地基刚度较小时，$u_{\mathrm{p}}(x) \to 0$；

（2）埋设管道刚度极小、地基刚度较大时，$u_{\mathrm{p}}(x) \to u_{\mathrm{G}}(x)$。

为研究地基位移与埋设管道变形的关系，采用如图 5.30（b）所示的弹性地基梁模型。该模型将埋设管道作为具有弯曲刚度的梁，将地基视为弹簧，地基弹簧系数由周围地基刚度决定。在地基弹簧端部施加沿管轴线方向的地基位移 $u_{\mathrm{G}}(x)$，可求得埋设管道的变形 $u_{\mathrm{p}}(x)$。由此求得的埋设管道变形可满足上述根据埋设管道与地基刚度所求得的埋设管路变形特性。

将地基位移 $u_{\mathrm{G}}(x)$ 作为强制位移，施加于弹性地基梁上的地基弹簧端部，可按下式求得埋设管道的变形 $u_{\mathrm{p}}(x)$：

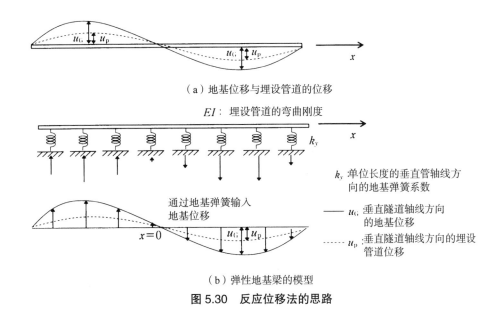

（a）地基位移与埋设管道的位移

EI：埋设管道的弯曲刚度

k_y：单位长度的垂直管轴线方向的地基弹簧系数

通过地基弹簧输入地基位移

—— u_{G}：垂直隧道轴线方向的地基位移

----- u_{p}：垂直隧道轴线方向的埋设管道位移

（b）弹性地基梁的模型

图 5.30　反应位移法的思路

$$EI\frac{\mathrm{d}^4 u_\mathrm{p}}{\mathrm{d}x^4} + k_\mathrm{y} u_\mathrm{p} = k_\mathrm{y} u_\mathrm{G}$$
（5.27）

式中，EI 为埋设管道的弯曲刚度；k_y 为埋设管道单位长度的沿垂直于管轴线方向的地基弹簧系数。

$$\frac{\mathrm{d}^4 u_\mathrm{p}}{\mathrm{d}x^4} + 4\beta_\mathrm{y}{}^4 u_\mathrm{p} = 4\beta_\mathrm{y}{}^4 u_\mathrm{G}$$
（5.28）

$$\beta_\mathrm{y} = \sqrt[4]{\frac{k_\mathrm{y}}{4EI}}$$

式（5.28）的一般解为：

$$u_\mathrm{p}(x) = \mathrm{e}^{\beta_\mathrm{y} x}(C_1\cos\beta_\mathrm{y}x + C_2\sin\beta_\mathrm{y}x) + \mathrm{e}^{-\beta_\mathrm{y} x}(C_3\cos\beta_\mathrm{y}x + C_4\sin\beta_\mathrm{y}x)$$
（5.29）

其中 $C_1 \sim C_4$ 是由边界条件所决定的积分常数。设地基位移 $u_G（x）$ 为波长 L，振幅 $\bar{u}_\mathrm{G}$ 的正弦波，如下式所示：

$$u_\mathrm{G}(x) = \bar{u}_\mathrm{G}\cdot\sin\frac{2\pi}{L}x$$
（5.30）

当式（5.29）中的积分常数 $C_1 \sim C_4$ 都为零时，$u_\mathrm{p}（x）$ 的特解可由下式求得：

$$u_\mathrm{p}(x) = \frac{4\beta_\mathrm{y}{}^4}{4\beta_\mathrm{y}{}^4 + \left(\dfrac{2\pi}{L}\right)^4}\bar{u}_\mathrm{G}\cdot\sin\frac{2\pi}{L}x$$
（5.31）

埋设管道的弯矩 $M（x）$ 用下式求得：

$$M(x) = -EI\frac{\mathrm{d}^2 u_\mathrm{p}}{\mathrm{d}x^2}$$

$$= EI\left(\frac{2\pi}{L}\right)^2\frac{4\beta_\mathrm{y}{}^4}{4\beta_\mathrm{y}{}^4 + \left(\dfrac{2\pi}{L}\right)^4}\bar{u}_\mathrm{G}\cdot\sin\frac{2\pi}{L}x$$
（5.32）

同理，管轴线方向的变形 $u_\mathrm{p}（x）$ 也可由图 5.31 所示，根据弹性地基梁模型求得：

$$EA\frac{\mathrm{d}^2 v_\mathrm{p}}{\mathrm{d}x^2} - k_\mathrm{x} v_\mathrm{p} = -k_\mathrm{x} v_\mathrm{G}$$
（5.33）

式中，$u_\mathrm{G}（x）$ 为垂直管轴线方向的地基位移；EA 为埋设管道抵抗伸缩变形的刚度值；k_x 为沿管轴线方向单位长度地基的弹簧系数。

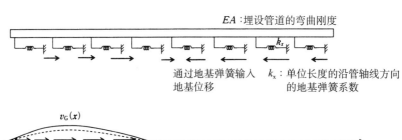

图 5.31　计算埋设管道轴线方向变形的模型

式（5.33）可由如下公式求得：

$$\frac{\mathrm{d}^2 v_\mathrm{P}}{\mathrm{d}x^2} - \beta_\mathrm{x}^2 v_\mathrm{P} = -\beta_\mathrm{x}^2 v_\mathrm{G}$$

$$\beta_\mathrm{x} = \sqrt{\frac{k_\mathrm{x}}{EA}}$$

（5.34）

上式的一般解答为：

$$v_\mathrm{P}(x) = C_1 \exp(-\beta_\mathrm{x} x) + C_2 \exp(\beta_\mathrm{x} x)$$

（5.35）

将地基位移 $v_\mathrm{P}(x)$ 视为波长 L，振幅 $\bar{v}_\mathrm{G}$ 的正弦波，式（5.35）中的积分常数 C_1、C_2 为零，$v_\mathrm{P}(x)$ 的特解如下式所示：

$$v_\mathrm{P}(x) = \frac{\beta_\mathrm{x}^2}{\beta_\mathrm{x}^2 + \left(\dfrac{2\pi}{L}\right)^2} \bar{v}_\mathrm{G} \cdot \sin\frac{2\pi}{L}x$$

（5.36）

由埋设管道轴线方向伸缩变形求得的轴力 $N(x)$ 为：

$$N(x) = EA\left(\frac{2\pi}{L}\right) \frac{\beta_\mathrm{x}^2}{\left(\dfrac{2\pi}{L}\right)^2 + \beta_\mathrm{x}^2} \bar{v}_\mathrm{G} \cdot \cos\frac{2\pi}{L}x$$

（5.37）

5.6.2 有接头埋设管道的变形

给排水管道一般都是有接头的管路。如图 5.32 所示，地基沿管轴线方向的应变一定，即地基位移可用直线表示，且假定有接头的埋设管道无限长，用地基沿管轴线方向的应变 γ_xx 表示的地基沿管轴线方向的位移 $v_\mathrm{G}(x)$ 为：

$$v_\mathrm{G}(x) = \gamma_\mathrm{xx} \cdot x$$

（5.38）

将管长为 l、接头刚度为 0 代入式（5.35），并采用边界条件：

$$x = 0 \qquad v_\mathrm{P}(0) = 0$$

$$x = l/2 \qquad \frac{\mathrm{d}v_\mathrm{P}(0)}{\mathrm{d}x} = 0$$

（5.39）

可求得公式（5.35）的解如下：

$$v_\mathrm{P}(x) = \gamma_\mathrm{xx}\left(x - \frac{\sinh\beta_\mathrm{x} x}{\beta_\mathrm{x} \cosh\dfrac{\beta_\mathrm{x} l}{2}}\right)$$

（5.40）

管道最大轴向应变 ε_max 位于管道中心点 $x=0$ 处。

$$\varepsilon_\mathrm{max} = \frac{\mathrm{d}v_\mathrm{P}}{\mathrm{d}x}\bigg|_{x=0} = \gamma_\mathrm{xx}\left(1 - \frac{1}{\cosh\dfrac{\beta_\mathrm{x} l}{2}}\right)$$

（5.41）

上式括号中的值为地基到埋设管道应变的传导率，管长 l 为无限大时，其值为 1.0。此外，接头位移 δ_j 为：

$$\delta_\mathrm{j} = 2\gamma_\mathrm{xx} \frac{1}{\beta_\mathrm{x}} \tanh\frac{\beta_\mathrm{x} l}{2}$$

（5.42）

接头刚度不为 0 时，假定接头的弹簧系数为 K_j，为求解式（5.35），取边界条件如式（5.43）及图 5.32 所示。

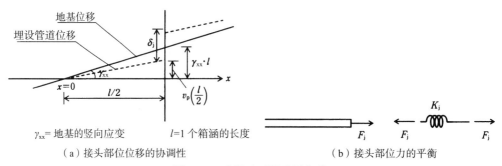

图 5.32　有接头时的边界条件

$$x=0 \qquad v_P(0)=0$$

$$x=l/2 \qquad EA\frac{\mathrm{d}v_P}{\mathrm{d}x}=F_j$$

$$\delta_j=\frac{F_j}{K_j} \tag{5.43}$$

$$v_P\left(\frac{l}{2}\right)+\frac{\delta_j}{2}=\gamma_{xx}\cdot l$$

式中，F_j 为作用于接头的轴力；δ_j 为接头位移。利用上述边界条件，求解埋设管道轴线方向变形 $v_p(x)$，并取微分后可得到轴向应变 $\varepsilon_P(x)$：

$$\varepsilon_P(x)=\gamma_{xx}\left\{1-\frac{\cosh\beta_x x}{\cosh\dfrac{\beta_x l}{2}}\left(1-\frac{2\dfrac{\tanh\dfrac{\beta_x l}{2}}{\beta_x l}}{\dfrac{EA}{K_j l}+\dfrac{2\tanh\dfrac{\beta_x l}{2}}{\beta_x l}}\right)\right\} \tag{5.44}$$

同时，接头位移 δ_j 为：

$$\delta_j/l=\gamma_{xx}\frac{\dfrac{2}{\beta_x l}\tanh\dfrac{\beta_x l}{2}}{1+\dfrac{K_j l}{EA}\cdot\dfrac{2\tanh\dfrac{\beta_x l}{2}}{\beta_x l}} \tag{5.45}$$

5.6.3　沉埋隧道观测应变与接头位移验证

上述的埋设管道模型也适用于沉埋隧道。如 5.4 节所述，用两座沉埋隧道（A、B）的观测结果验证上述埋设管道计算模型，两隧道管节数分别为 9 节及 6 节，计算中假定其为无限长。对前述千叶县中部地震（震级 6.1、震中距 40km、震源深度 80km）与伊豆半岛近海地震（震级 6.9、震中距 90km、震源深度 10km）发生时，沉埋隧道的轴向应变最大值 ε_T、接头最大相对位移 δ_j、地基应变 γ_{xx}、隧道与地基应变比及无量纲化后接头的相对位移进行了计算求解。计算中采用的地震荷载最大值如表 5.1 所示。地基的应变 γ_{xx}，是由图 5.18（a）、（b）所示的陆上部分观测点 A2 的轴向加速度积分而得到的速度，再除以地震波沿隧道轴向传播的拟似速度所得的值。地震传播的拟似速度是通过陆上部分测点与隧道内部测点的加速波形的相关函数而求得的，如表 5.1 中所示，为 1700 ~ 4200m/s，该值是随地震波对隧道轴线入射角度而变化的。

A、B 两隧道的隧道应变及柔性接头位移　　　　　　　　表 5.1

隧道	A 隧道（l=110m）		B 隧道（l=124m）	
$\beta_x l = \sqrt{\dfrac{k_x}{EA}} \cdot l$	0.42~0.94		0.50~1.12	
观测地震	千叶县近海	伊豆大岛近海	千叶县近海	伊豆大岛近海
隧道的最大应变 E_T	5.4×10^{-6}	5.0×10^{-6}	4.4×10^{-6}	2.5×10^{-6}
接头的最大位移 δ_j（mm）	0.061	0.053	1.04	—
A-2 点的最大速度 V_x	2.9	1.1	6.7	4.8
沿隧道轴线波的拟似传播速度 V_s（m/s）	2800	1720	4200	2200
地基的最大应变 γ_{xx}	10.4×10^{-6}	6.4×10^{-6}	16.0×10^{-6}	21.6×10^{-6}
应变的传导率 $\varepsilon_T / \gamma_{xx}$	0.52	0.78	0.28	0.22
接头的最大位移 $\varepsilon_j / \gamma_{xx} l$	0.03	0.08	0.53	—

确定海底隧道那样大规模结构物上的地基弹簧系数是比较困难的。这里参考桩及沉井设计中所采用的地基弹簧系数的值，同时考虑隧道断面面积的影响，假定隧道的地基弹簧系数为 0.98 ~ 4.91kN/m³。作为施加于两侧壁与底板的地基弹簧上的无量纲量 $\beta_x l$，A 隧道为 0.42 ~ 0.94，B 隧道为 0.5 ~ 1.12。表 5.1 中所示的应力比与无量纲化相对位移的图示结果，如图 5.33 所示。由图 5.33 可知，A 隧道应变传达率大于 B 隧道，此外，A 隧道无量纲化后的接头应变小于 B 隧道，这是由于 A 隧道接头 [图 5.17（a）] 的刚度大于 B 隧道接头 [图 5.17（b）] 刚度。根据接头刚度，吸收地基位移后隧道的应变与接头应变比值的变化，如图 5.33 所示。

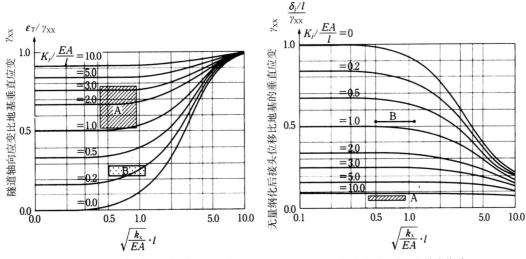

（a）地基与隧道应变的比（应变的传达率）　　　　　　（b）无量纲化后的接头位移

图 5.33　无量纲化处理后得到的隧道应变及柔性接头位移

5.6.4　由地裂缝及地表面错台引起的埋设管路变形

1978 年宫城县近海地震造成仙台市等郊外丘陵地带的挖土与填土边界处产生很多地裂缝与错台，导致燃气管道破坏。因此，1982 年制定的《燃气管道抗震设计指南》[11]（日本燃气协会）中考虑了地表面裂缝及错台对燃气管道的安全性影响，如图 5.34 所示。不仅限于燃气管，在以往的地震中生命线埋设管网在建筑物的连接部位也经常发生水平相对位移及竖向错台。

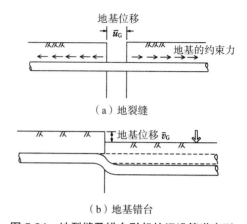

（a）地裂缝

（b）地基错台

图 5.34　地裂缝及错台引起的埋设管道变形

图 5.35 表示水平方向发生宽为 $\bar{v}_G$ 的地裂缝对管路轴向变形的影响。埋设管轴向变形的一般解可用式（5.35）求得，所采用的边界条件为：

$$x=0 \qquad v_p(0)=0$$

$$x \Rightarrow \infty \qquad v_p \Rightarrow \frac{\bar{v}_G}{2}$$

埋设管道的变形为：

$$v_p(x)=\frac{\bar{v}_G}{2}[1-\exp(-\beta_x x)] \tag{5.46}$$

埋设管内沿轴线方向应力 $\sigma_x(x)$ 见公式（5.47），最大轴向应力 σ_{max} 位于 $x=0$，即地裂缝的中心点。

$$\sigma_x(x)=E \cdot \frac{\mathrm{d}v_p}{\mathrm{d}x}$$

$$=E \frac{\bar{v}_G}{2}\beta_x \exp(-\beta_x x) \tag{5.47}$$

错台时，埋设管道变形也可用式（5.29）求得，此时边界条件为

$$x=0 \qquad u_p(0)=0, \qquad x \Rightarrow +\infty \qquad \frac{\mathrm{d}^2 u_p}{\mathrm{d}x^2}=0$$

埋设管道变形为：

$$u_p(x)=\frac{\bar{u}_G}{2}\{[1-\exp(-\beta_x x)] \cdot \cos\beta_y x\} \tag{5.48}$$

埋设管道与地基相对位移量超过一定限度后，埋设管道与地基间发生滑动，如图 5.36 所示。如将单位长度埋设管道与地基摩擦力取为 f_s 的话，埋设管道内作用的最大轴力 N_{max}（$x=0$ 处），可用下式求得：

$$N_{max}=f_s \cdot x_s+\int_{x_s}^{\infty}k_x \cdot \frac{\bar{v}_G}{2}\exp(-\beta_x x)\mathrm{d}x \tag{5.49}$$

式中，k_x 为管道单位长度地基弹簧系数；x_s 为从 $x=0$ 点开始到滑动发生地点的长度，可用下式表示：

$$\frac{\bar{v}_G}{2}\exp(-\beta_x x_s)=\frac{f_s}{k_x} \tag{5.50}$$

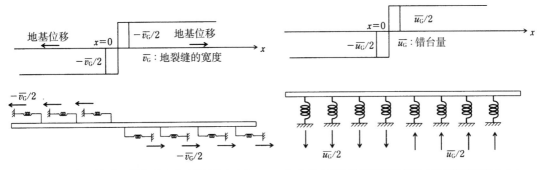

（a）地裂缝引起的埋设管道变形（管轴线方向）　　（b）错台引起的埋设管道变形（垂直管道轴线方向）

图 5.35　地裂缝与错台引起的埋设管变形

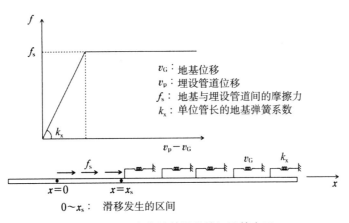

v_G：地基位移
v_p：埋设管道位移
f_s：地基与埋设管道间的摩擦力
k_x：单位管长的地基弹簧系数

$0 \sim x_s$：滑移发生的区间

图 5.36　考虑地基滑移的埋设管变形

5.6.5　基于反应位移法的地下结构物抗震设计

反应位移法也适用于地下储存罐及沉埋方式的海底隧道等的抗震设计，其计算模型如图 5.37 所示。图（a）中，将地下储存罐模型视作由地基弹簧支撑的圆筒，将地基位移作为强制位移条件输入地基弹簧端部，求解罐体的变形、应力及应变。计算时可采用有限单元法或前述的圆形梁模型。

此外，也有将沉埋隧道或地下管道视作地基弹簧支撑的梁或杆的模型。输入的地基位移采用地震波传播引起的地基相对位移或沿隧道及管道的地基反应位移。沉埋隧道抗震设计中采用的计算模型如图 5.37（b）所示[12]。该模型将沿隧道轴线的地基用质点系代替，基岩输入求解质点反应得地基位移，再将该地基位移施加于弹性地基梁或杆模型，求解沉埋隧道的变形。沿隧道轴线方向的质点系之间的相互作用通过地基弹簧进行模拟。

三维分布的地下管道计算模型如图 5.37（c）所示。该计算模型将管道视作弹性地基上的梁或杆，考虑地震波动的传播及表层地基反应后，求得地基位移输入。

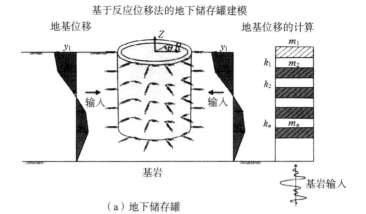

（a）地下储存罐

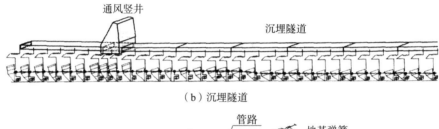

（b）沉埋隧道

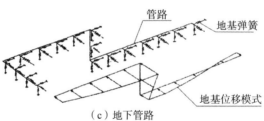

（c）地下管路

图 5.37 基于反应位移法的地下结构物建模

5.6.6 地基位移输入

根据反应位移法进行埋设管路的抗震设计时，所用的地基位移输入的设定一般如图 5.38 所示 [13]。沿垂直方向地基位移分布为：

$$U_{\mathrm{h}}(z) = \frac{2}{\pi^2} S_{\mathrm{V}} T_{\mathrm{S}} \cos \frac{\pi z}{2H} \tag{5.51}$$

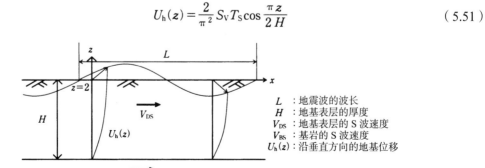

图 5.38 地下线状结构物抗震设计中采用的地基位移输入

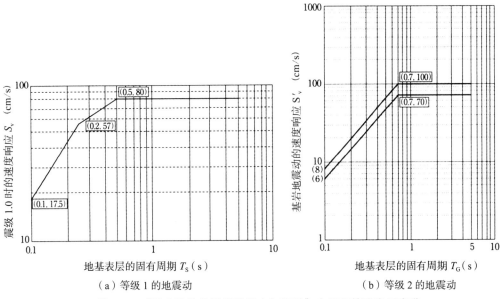

图 5.39　《给水设施抗震设计指南与解说》中采用的速度反应谱

式中，$U_h(z)$——地表面开始深度 z（m）处的水平方向位移振幅（cm）；

　　　　T_S——表层地基的固有周期（s）；

　　　　H——表层地基厚度（m）；

　　　　S_v——速度反应谱（cm/s），用《给水设施抗震设计指南与解说》[13]中的等级 1 与等级 2 的地震动反应谱，如图 5.39。

　　式（5.51）中的系数 $2S_vT_S/\pi^2$ 表示地表面的位移振幅，可通过将 $\omega_0=2\pi T_S$ 代入式（2.18），并令式（2.37）右边的 $i=1$ 求得。

　　求解水平方向的波长 L，可用如下方法。该方法也同时被石油管路、给水设施及共同沟等规范或指南所采用。具体是取表层地基与基岩的地震动中最卓越波长的平方和，用下式求解：

$$L=\frac{2L_1L_2}{L_1+L_2}$$

$$L_1=V_{DS}T_S=4H,\qquad L_2=V_{BS}T_S \qquad\qquad（5.52）$$

式中，V_{DS}——表层地基的剪切波速（m/s）；

　　　　V_{BS}——基岩的剪切波速（m/s）；

　　　　T_S——表层地基的固有周期（s）；

　　　　H——表层地基的厚度（m）。

参 考 文 献

[1]　J. Penzien, Earthquake Engineering, Chapter 14 Soil-Pile Foundation Interection, Prentice Hall, 1969

[2]　桜井彰雄，高橋忠，栗原千鶴子，矢島浩，地震時土の歪より見た埋設パイプラインの耐震性，電力中央研究所，技術報告，No. 69087，1970

[3]　濱田政則，大型地下タンクの地震時挙動の観測と解析，土木学会論文報告集，273 号，1978

[4]　濱田政則，大型地下タンクの地震時挙動に関する基礎的研究，東京大学工学研究科，博士論文，1980

[5]　M. Hamada, T. Akimoto, H. Izumi, Dynamic Stresses of Submerged Tunnel during Earthquakes, Proceedings of 4th. Japan Earthquake Engineering Symposium, 1975

[6]　濱田政則，杉原豊，志波由起夫，岩野政浩，岩盤空洞の地震時挙動観測と考察，土木学会論文報告集，341 号，1984

[7]　岡本舜三：耐震工学（第 4 章　大地震と被害状況），pp. 49～91，オーム社，1971

[8]　駒田広也，林正夫：地下発電所周辺における地震観測，電力中央研究所報告，No. 379013，1979.9

[9]　野田節男，上部達生：強震記録の上下動成分に関する一考察，第 14 回地震工学研究発表講演概要，1976

[10]　濱田政則，泉博允，岩野政浩，志波由紀夫，岩盤空洞の地震時ひずみの解析と耐震設計，土木学会論文報告集，341 号，1984

[11]　日本ガス協会，ガス導管耐震設計指針，1980

[12]　Tamura C, Okamoto S, Hamada M, Dynamic Behavior of A Submerged Tunnel during Earthquake, Report of Institute of Industrial Science, The University of Tokyo, Vol. 24, No. 5, 1975

[13]　(社)日本水道協会，水道施設耐震工法指針・解説，1997

第 6 章　地震、海啸灾害的减轻措施

6.1　让人惊恐的地震

6.1.1　地震、海啸的预测失败及其之后的混乱 [1]

东日本大地震使得日本国民对防灾领域的科学技术失去了信任。地震与海啸的预测失败、核电站的重大事故、海啸防波堤的破坏、地基液化引起的住宅损坏，以及沿海港湾石化基地发生的火灾及爆炸等，增加了国民对科学技术的不信任。

"创建安全社会"的基础首先是对科学技术的信赖。然而，东日本大地震把这一信赖基础给粉碎了。

东日本大地震发生前，日本政府防灾减灾会议主要关注以下 5 个将来可能发生的大地震，即沿南海海盆的东海、东南海、南海地震；东京湾北部地震等首都圈直下型地震；以及宫城县近海地震，如图 6.1 所示。沿南海海盆的三个地震的震级都将达 8.0 以上，这些海沟型巨

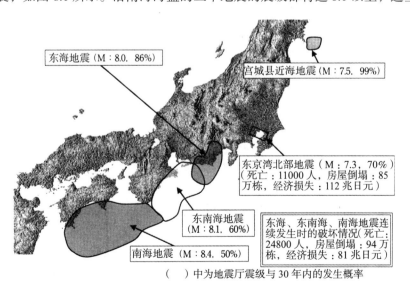

（　）中为地震厅震级与 30 年内的发生概率

图 6.1　东北地区太平洋近海地震发生前预测的地震（根据日本政府防灾会议资料）

大地震在今后30年中的发生概率预测为50%～86%；东京湾北部地震的震级预测为7.3的中规模地震，包含东京湾北部地震的首都圈直下型地震，在未来30年内的发生概率预测为70%；预测宫城县近海地震的震级为7.5，30年来内发生的概率预测为99%，从地震学角度来讲几乎断定这个地震会发生。推断的依据之一是历史上每隔50年，宫城县近海重复发生震级7.5的地震，上次宫城县近海地震是1978年发生的，若50年周期是正确的话，可以推断今后30年内再次发生的概率非常高。

然而，2011年3月11日发生了震级9.0的东北地区太平洋近海地震，比预测的宫城县近海地震的能量高180倍，震源区域不仅包括宫城县，甚至扩大到了岩手县及茨城县。日本文部科学省地震调查研究推进总部对政府防灾会议中预测的宫城县近海地震以及日本海沟处发生的震级7.7的地震都做出了预报。地震调查研究推进总部预测到了上述两地震连续发生的情况，但预测的震级为8.0，仅为实际发生地震能量的1/32。

为此，有必要仔细探讨在预测地震中存在的问题，并对今后地震预测研究的体系进行改革。日本的地震预测主要还是通过史料记载进行推断的，然而对几千年发生一回的极低概率事件进行预测就无法依赖于历史文献，需要从地质学的观点出发进行调查。

东北地区太平洋近海地震的前震及余震的震中位置如图6.2所示。由该图可见，前震及余震均发生在南北约600km、东西约300km的板块内及其边缘，表明板块内部及其边缘发生了较大的破坏。由于日本诸岛向东部的太平洋板块移动，而菲律宾板块向北移动，从而导致位于北美板块及欧亚板块上的日本诸岛产生了较大压缩应力。然而，由于东北地区太平洋近海地震时板块边缘受到大规模破坏，日本诸岛的应力场大规模变化，该事实对东北地区太平洋近海地震发生前预想的地震发生期（图6.1所示）有影响。今后必须利用GPS等加强对地壳的移动及微小地震的观测。因此，应该认真总结东北地区太平洋近海地震预测失败的原因，提高对今后可能发生的地震的预测精度。

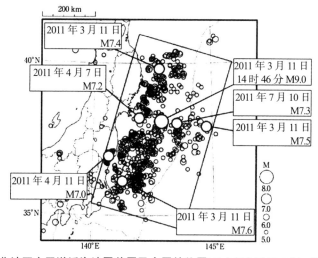

图6.2　东北地区太平洋近海地震前震及余震的位置（日本气象厅2012年6月8日的记录）

作者并不是对地震预测领域的研究人员进行指责，只是从土木工程防灾减灾的角度出发，作者感到自身也负有不可推卸的责任。作者在 2004 年的印度洋海啸发生一个月后，访问了印尼 Sumatera 岛北部的 Banda Aceh 市，目睹了约 7 万人（占全市总人口的 1/4）丧生的惨状。为此，作者不希望日本也发生震级 9.0 那样的巨大地震及其引发的海啸。

印尼 Sumatera 西海岸的板块构造与日本太平洋沿岸的板块构造非常相似，而且由于日本的板块是由多个板块交叠而成，其构造更为不稳定。所以，认为日本不会发生震级 9.0 以上的地震是没有科学根据的。

东北地区太平洋近海地震发生 1 年后，政府在"南海海盆沿岸巨大地震模型研究讨论会"[2]中，公布了从东海到九州的新震源区域，如图 6.3 所示。由该图可知，在沿南海海盆的东海地震、东南海地震、南海地震之外新增了宫城县近海日向滩地震，进一步，预测这 4 个地震的震源区域分布在接近南海海盆区域，它们发生连动时预测的地震震级将达到 9.0，引发的海啸浪高 20m 以上、将席卷从静冈到德岛沿岸一带。高知县的海啸浪高将达 34m，东京都岛屿区域的海啸浪高也有 20m。然而，政府的研究讨论会中，对这样的超巨大地震的发生概率以及预测可信度等都未提及。通过东北地区太平洋近海地震的经验，政府防灾工作会议中提到了今后预防对策需重点关注的"最大量级"地震及海啸，但"最大量级"的程度尚不明确。作者的理解是，图 6.3 表示了在日本太平洋沿岸区域可能发生的最大地震，它是以减少生命财产损失为目标，而无法直接应用于防灾基础设施及国家防灾对策中。在进行结构物和基础设施建设时，无法考虑"最大量级"的地震及海啸，因为在没有对讨论对象的危险度概率及其可信度进行充分研究的情况下，就不断宣称"最大量级"的危害，只会带来更大的混乱。

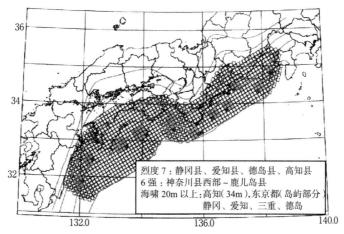

图 6.3　南海海盆巨大地震模型研究讨论会中公布的新震源区域（2012 年 3 月 3 日）

6.1.2　首都圈地震

将来有可能发生袭击首都圈的地震，首先让人想到的就是 1923 年发生的关东大地震（地震的正式名称是 1923 年关东地震）。关东地震以相模湾为震中，震级 7.9，首都圈内死亡及失踪人数 10.5 万人，房屋倒塌 37 万栋[3]，这是日本过去一个世纪来最大的自然灾害。在首都圈人口 3600 万的现在，政治、经济、文化等活动均集中于此，最令人担心的就是关东地震的再次发生。根据政府防灾工作会议，首都圈近期再次发生类似关东地震的可能性比较小。如图 6.4 所示，以相模湾为震源，震级达 8.0 的地震发生的周期约为 200 年。1923 年关东地震之前，震级达 8.0 的地震为 1703 年的元禄关东地震，如果地震发生的时间间隔为 200 年，那么距 1923 年关东地震量级的地震发生尚有 100 年的时间，这就是政府防灾工作会议的理论依据[5]。

值得注意的是，如图 6.4 所示，回顾 1703 年元禄关东地震与 1923 年关东大地震的两百年时间，最初的 100 年为几乎没有地震发生的平稳期，其后的 100 年，震级为 6.0 ～ 7.0 的中规模地震多次发生，有人认为中小地震频发，最终导致了 1923 年的关东地震。照此推断，1923 年关东地震后已经历 90 年，似乎已进入首都圈地震的活动期，如震级 7.3 的东京湾北部发生的中规模地震。并且如前所述，东北地区太平洋近海地震导致了日本列岛的应力场变化，那么首都圈大地震的发生时期就有可能会比预期的要提前。

此外，如图 6.5 所示，尽管没有断层破坏的痕迹，也有可能发生震级为 7.0 以下的地震，因此，日本政府防灾工作会议上发表了关于首都圈直下型地震的《随处可能发生地震的位置》[5] 报告书。

如本书 1.3.5 节中图 1.31 所示，2004 年新潟县中越地震发生在没有活动断层的地区。并且，如图 1.46 所示，2008 年岩手、宫城内陆地震也是在没有断层的地区发生。

发现首都圈地下活动断层比较困难的原因还有：首都圈附近土层堆积厚度达 2 ～ 3km，下方基岩即使存在活动断层，从地表面进行勘察也几乎是不可能的。为此，政府防灾工作会议推测了地震可能发生的地点，如图 6.5 所示。这些区域都是政治、经济活动的中心及人口

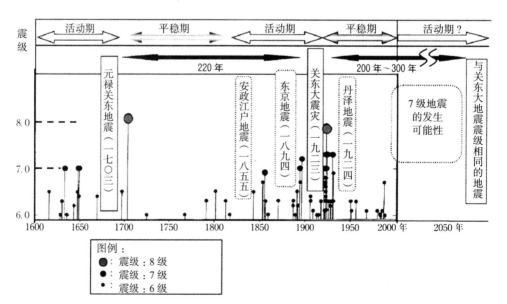

图 6.4　首都圈发生地震的历史及直下型地震发生的紧迫性

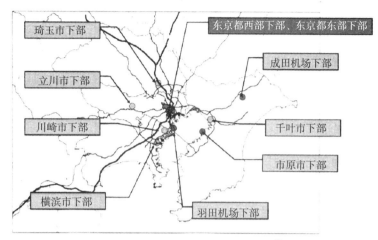

图 6.5　随处可能发生的地震位置 [4]

密集区、机场等各种产业集聚的地点。

　　图中所示为首都的政治、行政中心区域，还包括人口密集的横滨市、川崎市、千叶市、埼玉市及成田、羽田机场等。政府防灾工作会议中讨论的焦点是在这些区域发生地震的规模。如第 1 章所述，地震前未勘探到活动断层的 2008 年岩手—宫城地震震级达 7.2，2004 年新潟县中越地震震级达 6.8，同样没有勘探到活动断层的 2000 年鸟取县西部地震，震级为 7.3。通过这些事例，无法确定震中的首都圈直下型地震的具体规模成为政府防灾工作会议的研究课题，最终学术委员会预测的震级为 6.9，但该值并没有科学根据。政府防灾工作会议的学术委员会也提出过震级应为 7.0 以上，或采用与核电站抗震设计一致的震级 6.5。在核电站抗震设计中，与常规结构物抗震设计相比，已经对周围区域活动断层进行了详细的调查，仍无法鉴别全部活动断层。所以，只能采用经验值即震级 6.5。因此，震级 6.9 是学术委员会讨论后的结果。

6.2　首都直下型地震的对策

6.2.1　灾害预测与课题

　　日本政府防灾工作会议及地震调查研究推进总部预测东京湾北部地震震级将达 7.3，并且今后 30 年在首都圈内发生如东京湾北部地震那样超过 7 级地震的概率为 70%（2004 年）[4]。

　　政府防灾工作会议对东京湾北部地震灾害预测如表 6.1 所示 [5]。由该表可知，东京湾北部地震若在傍晚 6 点发生，房屋破坏将达 85 万栋，为兵库县南部地震 11.7 万栋的 7 倍，预测死亡人数达 1.1 万人，约为兵库县南部地震死亡人数的 2 倍。另外，直接财产损失为 67 兆日元，地震后因经济停滞而导致的间接损失达 45 兆日元，共计损失 112 兆日元。

　　此外，由东京湾北部地震引起的重大问题是无家可归及避难的人数。若中午 12 点发生地震，东京市及周边三个县无家可归的人数将达 650 万人。东日本大地震时，约有 352 万人在东京市内滞留，地震后经过相当一段时间后，大多数人能安全返家，地震发生期间电力供应正常，尚能在便利店买到饮用水。如果东京湾北部地震发生，大量的受灾者将会因电力中断，在没有粮食和水的情况下徒步回家。东京市内很长一段时间将会有相当可观的人数滞留。在此期间必须考虑这些滞留者所需的粮食、水及冬季供暖。但是，政府防灾会议在发表受灾数据（表 6.1）时并未给出具体的解决办法。

东京湾北部地震（震级 7.3）引起的破坏统计数据　　　　表 6.1

	预测发生时间	5 点	18 点	兵库县南部地震
建筑物倒塌数	晃动	15 万栋	15 万栋	11 万栋
	地基液化、山体崩塌	3 万 5 千栋	3 万 5 千栋	46 栋
	海啸	0 栋	0 栋	0 栋
	火灾	16 万栋	65 万栋	7 千栋
	合计	约 36 万栋	85 万栋	11 万 7 千栋
死亡人数	建筑物的倒塌	4200 人	3100 人	4915 人
	海啸	0 人	0 人	0 人
	火灾	400 人	6200 人	550 人
	山体崩塌	1000 人	900 人	37 人
	物体坠落	0 人	800 人	0 人
	合计	5600 人	11000 人	5520 人

注：1. 无家可归人数（预测时间 12 点）：650 万人（东京都 390 万人）。
　　2. 避难者：最多约 700 万人；避难场所生活人数：460 万人。
　　3. 经济损失。直接损失：66.6 兆日元；间接损失：45.2 兆日元（共计 111.2 兆日元）。

东京市及周边三个县的预测避难人数将达 460 万人，该人数将为兵库县南部地震受灾人数的 15 倍。即使调动全国的人力、物力，建造受灾者所需的临时住宅也需要相当长的时间。在研究容纳受灾者的住宅时，提出了分片建设的策略。具体而言，将拥有广阔土地的北海道苫小牧东地区作为住宅用地，将首都圈内的受灾者通过轮船运送到该地区。但是，1995 年兵库县南部地震后，将神户市中心的受灾者运送到神户人工岛的临时住宅的方案也很难取得受灾者的同意。长距离的分片输送方案的难度可想而知。东北地区太平洋近海地震中多数受灾者在远离家乡的临时住宅中艰难度日。从这样的现实考量，首都圈地震中采取分片疏散的方式需要仔细斟酌。

表 6.2 是由各生命线工程单位提供的东京湾北部地震发生时生命线工程瘫痪的统计数据。由该表可知，与兵库县南部地震相比，电力、通信、燃气设施的恢复时间相似；而给排水设施的修复时间可以大幅减少，如此巨大的修复重建工作，需要对现有设施进行摸底排查并尽早提出预警方案。

首都圈遭受地震时，必须研究解决如下课题：（1）建造于临海区域填埋场地上的石化企业的安全性；（2）河流沿岸标高 0.0m 以下区域的安全性；（3）木质房屋密集地区的房屋倒塌与火灾；（4）郊区丘陵地带住宅地的安全性；（5）高层建筑街道与居民的安全性。

东京湾北部地震引起的生命线设施破坏预测与修复时间　　　　　　表 6.2

	东京湾北部地震	兵库县南部地震
给水管道 （断水户数）	3900000 （30 日）	1265000 （70 日）
排水管道 （损坏户数）	150000 （40 日）	— （140 日）
电力 （户数）	1600000 （6 日）	2600000 （6 日）
通信 （损坏户数）	1100000 （14 日）	285000 （14 日）
天然气 （户数）	1800000 （55 日）	857000 （54 日）

注：（ ）中的数字为修复所需的天数，兵库县南部地震为实际所需的天数。

6.2.2　临海区域石化基地的安全性

2011 年东北地区太平洋近海地震中，COSMO 石油 17 座球形液化燃气罐发生火灾，给东京湾沿岸石化基地造成了巨大破坏。破坏的主要原因来自长时间的地震动及由此引发的填埋场地液化。据本书 1.3.9 节所述，除东京湾以外，包括东北地区的日本海沿岸油罐漏油等事故也有发生。东京湾填埋场地的历史变迁如图 6.6 所示 [6]。东京湾填埋场地始建于江户时代，现在仍有填土工程。在这些填埋场地中，1964 年新潟地震以前完工的地基也广泛存在。砂质地基的液化及由此引起的结构物破坏具体表现为结构物及各种设施的下沉、倾斜，窨井等各种结构物的上浮，堤防等填土结构物的破坏以及因土压力增大而造成的护岸破坏。自新潟地震后，上述破坏现象受到高度重视。

新潟地震数年后，地基及结构物的防液化措施研究取得进展，理论成果已经运用于实践。但是，地震之前完工的填埋场及建造其上的结构物中仍有相当部分没有采取防液化措施。

图 6.7 为东京湾内面积 5.5km² 的填埋场护岸结构与东京湾北部地震液化土层预测的实例。该区域自昭和初期开始填土，20 世纪 30 年代前期完成填埋工程，采用了钢板桩式护岸，地基由 N 值为 10 ～ 15 的旧海底砂层与 N 值为 5 左右的填埋砂层构成，在此地基上目前广泛分布着石油化工企业及钢铁厂。预测东京湾北部地震液化土层的厚度达地表面以下 14m，钢板桩前端尚未达到非液化土层，因此，钢板桩下部地基也有液化的可能。当液化发生时，该钢板桩护岸将向大海一侧大规模移动，最危险的情况可能导致护岸整体倒塌。护岸背后的填埋地基将发生流动。

根据 4.2 节所示的护岸移动量及其背后地基水平位移的预测方法，如图 6.8 所示，护岸向大海方向移动最大为 7m，填埋场地也发生大范围水平移动。液化土层厚度达 10m 以上。上述护岸附近现在有许多石油储罐。

东京湾等临海填埋场地地震防灾的另一课题是长周期地震动的预防措施。如 1.3 节所述，2003 年十胜近海地震中，由于长周期地震动的影响，因液体晃动导致油罐泄漏，两座储油

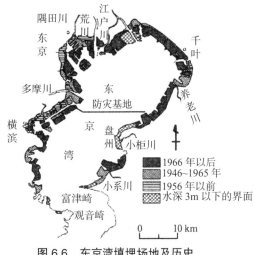

图 6.6 东京湾填埋场地及历史
（根据贝塚[7]的图加以修改）

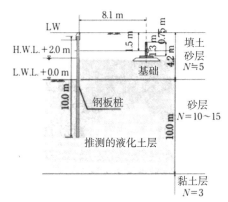

图 6.7 东京湾填埋场地护岸结构与液化预测

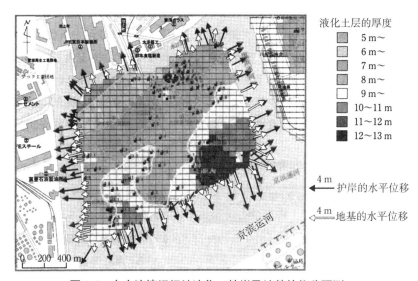

图 6.8 东京湾填埋场地液化、护岸及地基的位移预测

罐起火，因石油罐体晃动而引发火灾在 1964 年新潟地震、1983 年日本海中部地震及 1999 年土耳其 Kocaeli 地震中均有发生。

如照片 6.1 所示，东京湾填埋场地有 600 余座浮顶式储油罐，罐体内装有原油及重油。假定东海地震与东南海地震连续发生，得到的东京湾临海区域地震动与速度谱，如图 6.9 所示。京叶地区及京滨地区发生长周期地震动，卓越周期分别为 9 ~ 10s 及 6 ~ 7s。京叶地区卓越周期更长的原因是该地区地基土层堆积厚度约 3km，而京滨地区地基堆积厚度仅为 2km。对罐体晃动计算结果表明，600 余座罐体中约 64 座（占总数的 10%）发生了泄漏，详细结果见表 6.3，其中未出现如十胜近海地震那样引发火灾的情况。但由于液化地基的流动及储油

照片 6.1　东京湾临海区域石化企业的油罐群

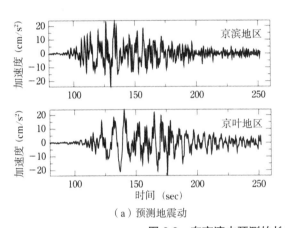

（a）预测地震动

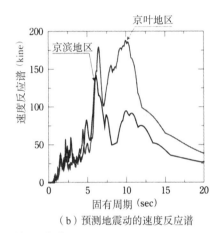

（b）预测地震动的速度反应谱

图 6.9　东京湾内预测的长周期地震动与反应谱图
（东海、东南海地震同时发生，根据东京大学古村教授的研究结果）

罐的晃动，大量的原油及重油向东京湾流出，在该处海域内广泛扩散。如有其他原因引发原油起火，将导致大规模的火灾事故。对京滨石化企业 12000 千升原油泄漏到海上后扩散情况的模拟结果表明[7]（如图 6.10 所示），假定风速为 5.0m/s，夏季时因西南风的影响，原油将会在 3 天内到达京叶地区，东京湾的广泛区域内都有原油扩散；冬季时西北风将把原油吹向东京湾湾口，也将导致原油的广泛扩散。如图 6.10 中所示，中型及大型船舶一天内的航迹图表明，东京湾一日内有 200 艘船舶航行，原油在图示海域扩散，从安全角度考虑，所有的船舶必须停止航行。

东京湾临海区域浮顶式油罐总数及预测漏油罐体数　　　　　　　表 6.3

油罐直径	油罐总数	漏油的油罐数
~ 24m	203	13（6.4%）
24 ~ 34m	136	27（19.9%）
34 ~ 60m	118	18（15.3%）
60m ~	159	6（3.8%）
合计	616	64（10.4%）

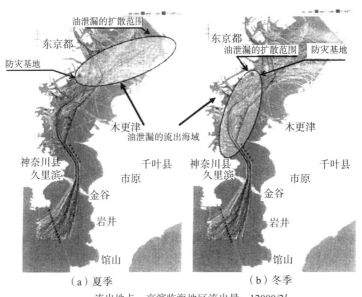

流出地点：京滨临海地区流出量：12000/2*l*
网线为一天的航迹图（约200艘/天）

图 6.10 东京湾区域的重油流出与扩散
（引自：临海区域破坏影响度研究委员会报告书[8]，假定为川崎市直下型地震）

　　如图 6.10 所示，政府将川崎市的东扇岛作为主要的防灾基地，当首都圈发生自然灾害时，从其他府县及国外来的紧急救援物资及救援人员在该基地集中，并通过小型船舶运送到灾害发生地。如前所述，由于储油罐破坏，导致大量危险物流入海面，东京湾的海上交通中断，根据日本国土交通省关东地区整备局组织的临海区域受灾影响度研究委员会的估算[7]，对海上重油、原油的回收工作大约需要 2 个月时间。如此情况发生，该基地的物质与人员集结是不可能完成的，会给灾害发生后的救援及灾后恢复工作带来巨大障碍。

　　另外，东京湾沿岸的填埋场场地上有 12 座火力发电站在运行，东北地区太平洋近海地震以来，核电站基本处于停滞状态，东京湾的火力发电站提供了首都圈电力的 80%，如果发生因地基液化及晃动引发的原油向海上泄漏的情况，由国外进口的液化天然气及原油的供给将中断，同时，核电站停止运行，这将给首都圈的电力供应带来巨大的威胁。

　　2011 年东北地区太平洋近海地震时，浦安市的住宅区发生了地基液化。地震加速度不大，石化企业地区几乎没有发生明显的地基液化现象，东京湾的填埋场观测到的加速度最大值为 100 ~ 150cm/s²。如果东京湾北部地震发生，将会在东京湾沿岸地表面产生约为 400 ~ 700cm/s² 的加速度，远远超过东北地区太平洋近海地震的加速度，将可能造成非常严重的地基液化。如再加之罐体的晃动所引发的石油泄漏，势必会造成更大的破坏。因此，有必要对东京湾临海区域的火力发电站、石油及化学工业设施的抗震性能进行检查，并采取紧急的补救措施。

　　提高大都市圈临海区域石化基地的地震防灾能力并不仅仅是某个企业的责任，沿东京湾的企业都是相互关联的，仅提高单一企业的防灾水平并不能减小整体的危险性。因为，一个石化企业受灾后会引起其他次生灾害，势必波及到邻近企业，东北地区太平洋近海地震中在东京湾发生的 11 起企业受灾案例就能一目了然地说明这个问题。因此，作者联合政府的相关机构，以及沿东京湾的东京市、神奈川县、千叶县的石化企业及当地居民设立了提高东京湾抗震能力的协调委员会，作为一个社会组织，协调委员会旨在发挥其社会功能，通过采取切实可行的防灾措施来提高临海区域石化企业的防灾能力。

6.2.3 提高丘陵地区住宅地抗震性能

随着东京等大都市圈人口的增加，住宅地向郊外丘陵地区扩展。然而，在以往的地震中，丘陵地区的填土工程经常发生滑坡破坏。1978 年宫城县近海地震及 2011 年东北地区太平洋近海地震引发的丘陵住宅地滑坡的例子如照片 6.2（a）、（b）所示。将丘陵地区作为住宅地利用时，根据原建设省的指导原则，开挖丘陵土方时，必须彻底去除残留在土层中的树木残根，并经反复碾压后才能作为住宅地的地基。但在实际施工中，大多住宅地的建设都不按照该规定执行，未经去除尾根直接将开挖后的土回填至沟谷区域，以求开挖土方量的平衡，结果常导致如照片 6.2 所示的住宅地破坏。

在神奈川县境内，建造于丘陵沟谷地基上的房屋发生了倾斜和下沉，为修复这些房屋，进行了钻孔取样，如照片 6.3（a）所示。钻孔中发现了木材碎屑，表明地基处理中未按规范去除尾根。此外，该住宅地上建造的阶梯如照片（b）所示，降雨量超过一定值后，雨水从台阶涌出，留下白色的痕迹，原因估计是雨水通过坡脊汇入丘陵沟谷地基后从台阶涌出。

对人工改造的地基进行抗震加固是非常困难的，主要原因是抗震加固费用比较高。可行的抗震加固措施是对雨水集中的沟谷地基打入水平管桩，加速地基的排水。

由于人工改造地基的住宅地情况复杂，提高地基对地震及降雨的安全性能比较困难。因此，需要施工方将土地地基的改造情况做出公示，以便土地购买者查阅。

由于在房屋施工中存在层层转包的现象，施工承包费用将会被层层压缩，可能导致实际施工方因考虑经济成本而出现偷工减料。因此，需要强化施工方的安全责任意识，尤其是对上述丘陵地区填埋改造后形成的房屋地基更应加强。

白石市寿山小区的滑塌
（a）1978 年宫城县近海地震

仙台市郊外丘陵造地区域
（b）2011 年东北地区太平洋近海地震

照片 6.2　丘陵宅基地的地基滑动

（a）钻孔的状况（从钻孔挖出的碎木）　　　　（b）台阶喷水的痕迹

照片 6.3　丘陵住宅地的钻孔状况与沟谷部雨水喷出

6.3　褐煤废弃坑道地震时的安全性 [8, 9]

日本各地存在着采煤的废弃坑道、采石场留下的空洞以及二战中开挖的防空洞。这些空洞对地震动有放大效应，空洞中残留的柱与墙无法承受地震作用力，坍塌的危险性较高。如果城市下方存在这些空洞，地震中空洞发生垮塌会引起地面上建筑物及给排水管道设施的巨大破坏。2011 年东北地区太平洋近海地震造成 326 处褐煤废弃坑道发生坍塌；2005 年宫城县南部地震时，以震中宫城县矢本町为中心的 28 处褐煤坑道也发生了垮塌。

太平洋战争期间为了保证能源供给，在以东海及东北地区为中心的各地进行了大规模的褐煤开采。特别是岐阜县御嵩町地区，开采的空洞面积占整个地区街道面积的 80%。御嵩町地区的褐煤开采方式是采用"残柱法"施工，即将残留褐煤层作为支柱以支撑坑道稳定。空洞的状况与残柱，如照片 6.4 所示。由于残柱因干燥及降雨的反复干湿循环，其强度性能劣化，经常发生垮塌事故，如图 6.11 所示。从 1959 年开始，御嵩町平均每年大概发生 6 起，总计发生了约 250 起垮塌事故。其中，2010 年 10 月 20 日发生了大规模的垮塌事故。如图 6.11 所示，东西约 50m、南北约 60m 的区域全部塌陷，毁坏房屋 6 栋，详见照片 6.5。近年来，御嵩町大规模塌陷事故还在相继发生，可能是因为褐煤开采 60 年以后残柱及空洞顶部的强

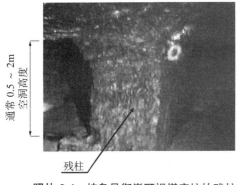

照片 6.4　岐阜县御嵩町褐煤废坑的残柱　　　照片 6.5　由于褐煤废坑垮塌导致的地表面塌陷

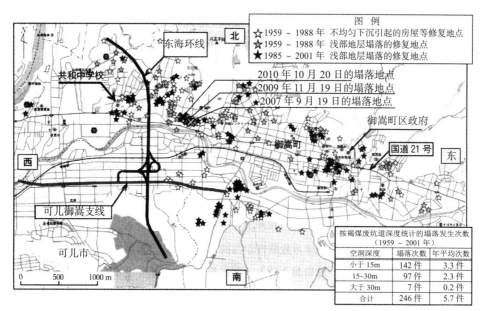

图 6.11 褐煤废坑坍塌导致塌陷事故的发生

度性能劣化所导致。

　　根据地震学的最新研究成果，2002 年 3 月举行的日本政府防灾工作会议对东海地震的震中区域进行了修订。新修订的震中区域面积有所扩大，主要是向西部进行了延伸。因此，需要提高地震防灾措施的区域也将扩展，名古屋市等成为新的抗震重点区域。根据政府防灾工作会议的推断，岐阜县东浓地区烈度为 5.0 ~ 6.0，但并未包含御嵩町。

　　然而，东海地震时，由于中心街道下方存在空洞，地震动可能会导致空洞的残柱及废坑顶端大面积垮塌，给生命财产造成巨大损失，对震后居民生活也会产生巨大影响。为此，作者等在相关人员的帮助下，就东海地震对御嵩町褐煤废坑的危险程度这一问题展开了一系列的调查，调查主要围绕空洞的有无及空洞对地震动的放大效应。该调查结果已被应用到该区域的防灾规划中。

　　原通商产业省的矿山局保存的御嵩町褐煤开采位置图，如图 6.12 所示。褐煤由浅至深分为 1 ~ 4 层，各层具体开挖的平面位置在该图有显示，但无法查明空洞的开采深度。如图所示，4 层褐煤中，对第 2 层到第 4 层进行了开采，开采后留下的废坑也表示为第 2 层及第 4 层。

　　为了获取空洞开采深度的数据，在御嵩町进行了 427 处的钻孔调查。如图 6.11 所示，东海环状高速公路和可儿御嵩支线道路通过御嵩町，根据这些道路建设时的地质钻孔资料，褐煤层如图 6.12 所示，呈南北向倾斜，越往北褐煤层越薄。

　　利用 427 处的钻孔平面位置及深度数据，绘制出御嵩町整个区域褐煤层的三维分布图，如图 6.13 所示。通过 50m 间隔的网格图，对空洞的有无及空洞的深度进行详细的绘制，如图 6.14 所示。由该图可知，在地表面以下 15m 范围内空洞广泛存在，街道办事处、公民馆、中小学校等公共设施很多都建造在这些区域之上。

因此，如果东海地震发生并导致褐煤层的破坏和地表塌陷，御嵩町将遭遇许多公共设施及生命线的破坏，蒙受巨大损失。鉴于此，进行了东海地震引起的地震动强度及残柱垮塌可能性分析的调查研究。

根据 2002 年日本政府防灾工作会议发表的东海地震及东南海地震同时发生的震源模型，计算出御嵩町基岩（剪切波速度 400～600m/s）的输入地震动，再求出地表面烈度，计算结果如图 6.15 所示。对于不考虑空洞的情况，政府防灾工作会议预测御嵩町的烈度为 5.0～6.0（弱），但是，如果考虑空洞的存在，御嵩町的烈度将达到 6.0（强）。

如图 6.14 所示，既有资料中无法确定空洞深度的区域还有很多，需要今后进行详细的钻孔调查。

除褐煤废坑以外，煤矿废坑、采石场废坑、防空洞等在日本全国范围内广泛存在，对这

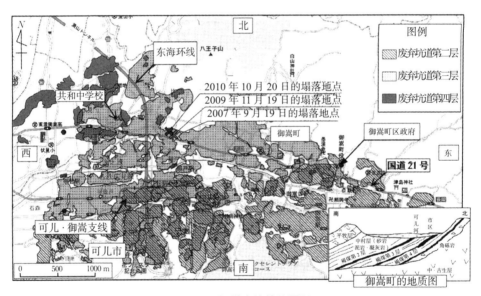

图 6.12　褐煤废坑的位置图

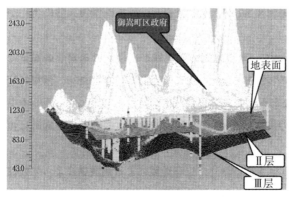

图 6.13　推断的褐煤层三维分布

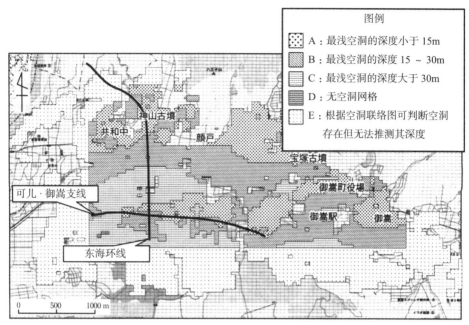

图 6.14　空洞有无的判断与深度的推断

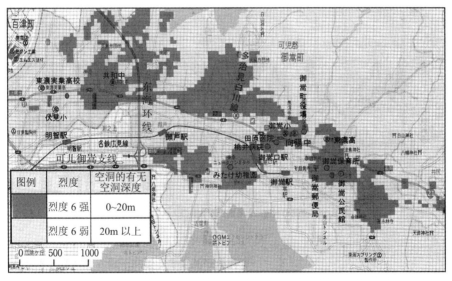

以 50m 间隔的网格分类的该区内的地震烈度分布图

图 6.15　对东海地震引起烈度的预测 [由于存在褐煤空洞，烈度从 6（弱）到 6（强）区域大面积扩张]

些空洞的状态进行调查，并采取相应的措施是地震防灾中的重要课题。

探测空洞存在的方法除钻孔调查等直接方法以外，还有探地雷达法、人工震源波动反射折射法、声波勘察法及重力异常测定等间接的方法，均各有利弊。

从时间及费用上综合考虑，倾向于选用间接方法探查广泛分布的空洞有无与空洞深度。基于地表面常时微动观测，作者对空洞有无及深度的探测进行了研究。

根据常时微动观测和钻孔资料的对比分析，查明了御嵩町 30 处的空洞有无与深度。空洞的有无对常时微动观测的反应谱的影响如图 6.16 所示。图中纵坐标表示水平反应谱与垂直反应谱的比，横坐标为振动频率。由该图可知，存在空洞时，反应谱的比在 4 ~ 7Hz 内有明确的峰值，而无空洞时反应谱的比在 4 ~ 7Hz 内平缓，无明显卓越周期。有空洞时存在明显卓越周期的原因，可解释为残柱上部的岩石与土成为残柱水平方向的支撑，构成了弹簧质点系。

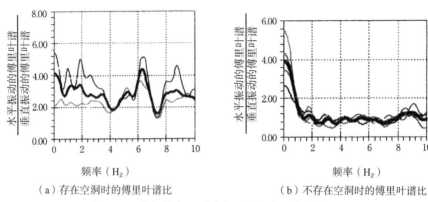

（a）存在空洞时的傅里叶谱比   （b）不存在空洞时的傅里叶谱比

图 6.16   空洞的有无对地表面微振动反应谱的影响

常时微动观测获得的反应谱比值的卓越频率与空洞的深度（通过钻孔确定）关系如图 6.17 所示。由图可知，有空洞时，随着空洞深度的增加，反应谱比值的卓越频率减小，卓越周期增大。其原因可推断为空洞深度大时，残柱上方岩石与土质量增大，质点系的质量也相应增大。但是，空洞深度在 10 ~ 20m 范围内时，卓越周期差异较大，此时空洞深度与卓越频率的关系不明显。今后，有必要进一步开展空洞对地基常时微动特性影响的研究。以上研究结果表明，常时微动观测是空洞勘察的有效方法。

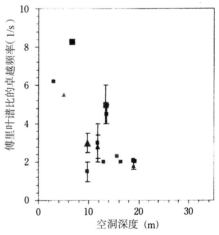

图 6.17   常时微振动的卓越周期与空洞深度的关系

6.4   减轻自然灾害的措施

6.4.1   世界范围内自然灾害的增加

除地震灾害外，地球上因环境变化而引起的暴风雨、洪水等灾害不断增加。图 6.18 表示过去 65 年内每五年发生死亡及失踪人数超过千人的水灾的统计结果。由该图可知，近 25 年来水灾激增。

图 6.19 表示每小时内降雨量超过 100mm 的发生次数。由该图可知，过去 10 年内，每

小时超过 100mm 的特大暴雨激增。

　　地球自然环境的变化以及社会受灾脆弱化的增大是导致地震灾害等自然灾害多发的原因。如图 6.20 所示，由于地球温室效应、都市热岛效应、森林及耕地的退化、沙漠化及河流海岸的侵蚀等，自然环境发生了急剧的变化。这些自然环境的变化导致暴雨、暴风雪、台风、飓风、异常干旱及异常高温。另外，温室效应还将引起海平面上升，导致巨浪频发。

　　另一方面，少子化、老龄化、都市圈人口过度密集及周边的人口过疏等社会问题，造成社会受灾脆弱化的进一步增大。此外，区域互助意识的弱化及灾害应对经验的不足，远离自然与过度依赖电器等生活方式也增加了社会应对自然灾害的脆弱性。国家、地方财政状况的恶化使得社会防灾措施落后，由此带来地方建筑业及防灾能力的衰退，地方建筑业及其雇员的减少将不利于灾害预防及灾后救援。

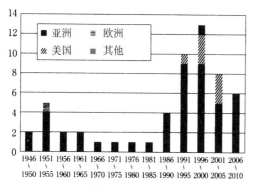

图 6.18　世界范围内水灾的发生次数
（洪水、台风、飓风等引起的死亡失踪人数超千人）

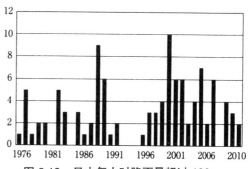

**图 6.19　日本每小时降雨量超过 100mm
以上的次数**

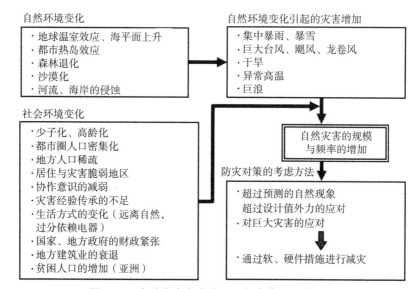

图 6.20　自然灾害多发的原因与未来防灾的措施

对亚洲的发展中国家而言，贫困导致灾害加剧，灾害与贫困间形成了恶性循环。

有人指出，自然环境变化将导致降雨强度等外负荷的增大；东北地区太平洋近海地震引起地壳应力变化将导致巨大地震发生概率的增大。加上社会结构的脆弱化，这些都使我们增加发生巨大灾害的危机感。对于超过预期的自然灾害，从工程学的角度来讲就是外负荷远远超过设计值，如何减轻灾害的危害程度成为当今研究的重要课题。东日本大地震表明，仅从加强防灾的硬件措施上减轻灾害是不够的，从硬件与软件两方面加强防灾减灾是十分必要的。对于发生频率较低的外负荷远超设计值的情况，需从硬件及软件两方面加以考虑；而对于发生频率较高的中等程度的外负荷的情况，硬件措施就可降低灾害危险性。

6.4.2　海啸防御学的构建及防海啸措施的实施

"抗震工程学"很早以前就有了，其主要研究对象是地震时结构物及基础设施的安全设计及施工等问题。相应地，建议重新开展"海啸防御学的构建及防海啸措施的推进"方面的工作。

目前，"海啸工程学"主要是研究海啸的发生机理、海啸的传播及由此带来的海平面上升量及到达时间。而"海啸防御学"是为尽可能地减少生命财产损失而设立的，主要研究应对海啸危害的建筑物及基础设施的设计与施工。

作者有此想法的原因来自于东北地区太平洋近海地震及 2004 年印度洋海啸中建筑物与桥梁等的灾害调查。如本书 1.3.9 节照片 1.46 所示，海啸的浪高超过高田市海岸线附近建造的 5 层钢筋混凝土住宅，海啸过后，该住宅及桩基础没有发生大的破坏。另外，如 1.2.5 节照片 1.20 所示，Sumatera 的 Banda Aceh 市海岸线附近建造的教堂，海啸从一楼的祈祷室通过，房屋未受损害。

另外，如照片 1.47 中所示，釜石市的海岸线附近建造的公路钢筋混凝土高架桥，海啸浪高淹没桥墩，但海啸过后也没有发现桥体损害，与此类似的事例还有 Sumatera 的 Banda Aceh 市的混凝土桥。

以上事例表明，可以建造出抵抗海啸的构造物。为此，设立"海啸防御学的构建及防海啸措施的推进"学科可包含如下方面：

（1）从地质学角度对世界范围内的海啸记录进行调查

预测东北地区太平洋近海地震海啸失败的原因之一是现有参考资料较陈旧。因此，有必要在世界范围内对海啸堆积物进行钻孔取样。

（2）建造能抵抗海啸的基础设施与建筑物

如前所述，东北地区太平洋近海地震中，多数建筑物都经受了海啸的考验。考虑海啸外力，建造能抵抗海啸的房屋、桥梁及防波堤等基础设施。

（3）抵御海啸的城市建设

通过对海啸行为的模拟，选择居住区域进行道路设计，建造紧急避难用的高地以及垂直避难建筑物，推进抵御海啸的城市建设。

（4）抵御海啸的生命线设施建设与快速修复

东北地区太平洋近海地震，导致以污水管道设施为主的生命线设施遭受到了巨大破坏，因此有必要研究由海啸带来的波浪及漂流物的冲击力，以及浸水后生命线设施功能的维护与快速修复。

（5）大范围内的灾害情报数据的快速采集与传达

对类似东北地区太平洋近海地震那样的大范围灾害，受灾情况数据的收集与传递机制对紧急救援及快速恢复具有十分重要的意义。

（6）加强防灾教育与防灾训练

东北地区太平洋近海地震中，防灾教育挽救了众多儿童、学生的生命。如表 1.3 所示，釜石市及气仙沼市儿童及学生的死亡率为总死亡率的 1/10，可以看到防灾教育对灾害救援产生的巨大效果。今后更应加强防灾教育与防灾训练。

因此，构建海啸防御学，推进防海啸措施，如后文中 6.4.6 节所述，需加强与理学、工学、社会学、情报学及医学等领域的联系。

6.4.3　日本的防灾体制与组织体系

日本的防灾体制与组织体系如图 6.21 所示。1962 年设立的防灾基本法规定了防灾体制、组织体系及受灾时各组织的作用。该基本法的实施是通过日本政府防灾工作会议进行的。该会议的主要职能为：（1）制定国家长期综合防灾规划；（2）预测未来灾害；（3）发布灾害前的指导意见；（4）灾害发生后的紧急救援；（5）灾后重建政策的制定。

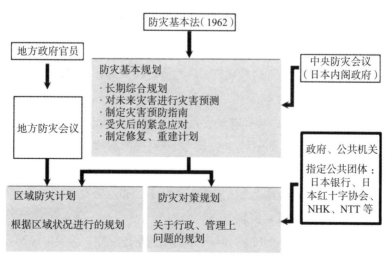

图 6.21　日本的防灾体制与组织体系

另一方面，地方行政主管组织区域防灾会议，制定区域防灾策略，政府的职能部门、日本银行、日本红十字协会、日本广电局及 NTT 等公共机构按防灾基本规划落实灾后救助与重建。

灾害发生后政府紧急响应的体制如图 6.22 所示。灾害发生后政府内阁收集来自气象厅、地方团体及新闻机构的信息，把握灾害全局，同时向内阁总理汇报并召开相关阁僚会议，建立以内阁总理为首的灾害对策本部。派出政府调查组，并在地方设立区域对策本部。

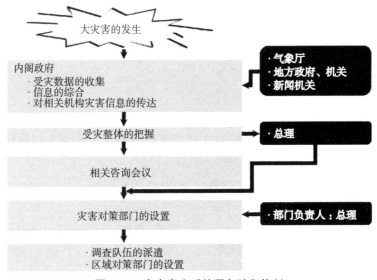

图 6.22　灾害发生后的紧急防御体制

6.4.4　政府的地震防灾战略

对于将来可能发生的东京湾北部地震及南海海盆附近的巨大海沟型地震等，日本政府制定了相应的地震防灾战略，并予以公布，如图 6.23 所示。2006 年 4 月公布的《首都直下型地震的防灾战略》[10] 中指出，今后 10 年内，减灾目标是死亡人数减少 1/2，经济损失减少 40%。如对可能发生的东京湾北部地震而言，就是要将预测的死亡人数 11000 人缩减至 5600 人，间接经济损失从 112 兆日元减少到 70 兆日元。东京湾北部地震中，人员死亡的主要原因推定为房屋倒塌与火灾。为此，防灾的最重要措施是对抗震性低的房屋建筑进行抗震加固。日本国内现有房屋 4700 万栋，其中约 25% 即 1200 万栋的房屋不满足现行抗震标准（也即现存不合格房屋），政府的战略是在 10 年内，将现存不合格房屋的比例从 25% 减少到 10%。然而，自 2006 年 4 月《首都直下型地震的防灾战略》公布以来，已经过了 5 年时间，建设年代陈旧的老建筑并没有按照计划实施抗震加固。

地方组织以极低利息提供住房抗震加固贷款的制度早已建立，但利用该制度的居民很少。原因之一是抗震性能不够的房屋基本是旧房屋，随着少子化及高龄化的出现，抗震性能差的旧

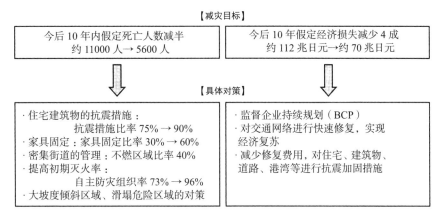

图 6.23　首都直下型地震的防灾战略（日本政府防灾工作会议，2006 年 4 月）

房屋内主要居住对象为老年人。少子化、高龄化等社会问题将会成为未来灾害防御的薄弱环节。兵库县南部地震后，道路、港湾、学校等公共设施利用公有资金进行了抗震加固。另外，JR、NEXCO 及电力公司等与公共财政有联系的公司抗震加固也取得进展。而作为个人私有财产的房屋、私有建筑物等抗震加固基本没有改善。为了维护区域整体的防灾性能，对处于紧急联络通道及受灾后紧急运送道路处的个人住宅也必须要通过提高公共补贴进行必要的抗震加固。

6.4.5　日本学术会议对减轻自然灾害的建议 [11]

日本学术会议（译注：日本最高学术组织）近年来研究了世界范围内自然灾害的多发状况，由理学、工学、生命科学、人文科学等领域的研究人员，组成了"应对地球规模自然灾害及构建安全社会基础设施委员会"。该委员会于 2006 年 2 月设立，委员会从学术研究角度收集自然灾害相关信息，为减轻将来的自然灾害从以下 13 个方面给日本政府提出了建议。

对减轻自然灾害的政策、对策的建议

（1）构筑安全、安心社会的理念

由于自然环境变化及国土和社会构造的脆弱化，对于将来的自然灾害，国家应把"重视短期经济效果"的观点转变为"构筑安全、安心社会"的理念。

（2）完善社会基础设施的标准

为减轻自然灾害，完善社会基础设施，需要长期有效的税收政策扶持。设定社会基础设施的标准时，除生命财产损失外，还需要评价景观与文化破坏及国民的心理承受能力等。

（3）国土资源的再分配

为减轻未来自然灾害引起的破坏，从长期而言，对国土资源进行合理的再分配是不可或缺的。有必要对如下问题进行考虑：人口与财产分散引起的风险分散、未来人口减少对区域灾害防御的风险、合适的居住地选择与土地利用、首都机能的双保险机制及灾后重建所需的交通网络的完备。

（4）硬件措施与软件措施的并用

为减轻巨大自然灾害引起的破坏，除完善社会防灾硬件设施外，还需要对防灾教育及灾害经验传承、避难急救、灾后重建体制、灾害时情报信息体系及紧急医疗体制等软件方面进行强化。

（5）人口稀疏地区脆弱性的评价与认识

由人口稀少与产业结构变化引起的灾害应对能力低下的孤岛区域、沿岸区域及山区等需要认识到灾害应对的脆弱性，并完善应急救济体制。

（6）国家、地方政策的统一

为减轻自然灾害，必须明确政府各职能部门的任务分担，紧密协同，制定并实施统一的政策。地方团体在完善组织体系的同时，推进防灾对策。地方团体在应对自然灾害时应相互协同，国家应对地方团体制定的防灾对策进行财政支援。对大范围的自然灾害，国家应作为主体进行灾害救助。

（7）"灾害认知社会"的构建

绘制国民易理解的灾害易发地分布图，提高灾害信息公开化。此外，评价少子化、老龄化、信息化及社会与经济国际化等对自然灾害脆弱性的影响。通过广泛公开信息，提高国民防灾意识，构造"灾害认知社会"，创造国民与区域协同基础上的灾害应对能力强的社会。

（8）强化防灾基础教育

为了传授自然灾害发生机理的基础知识，培养对异常现象的判断能力及灾害预测能力，需要在学校教育中修订地理、地质等科目内容，强化防灾基础教育。

（9）NPO 与 NGO 的培育与支援

通过公助、自助、共助等来减轻自然灾害，NPO 与 NGO 作为区域共助组织，在防灾教育、灾害经验传承及震后应急行动中发挥着巨大的作用。国民及地方团体应努力培育 NPO 与 NGO 等组织，并对其行动给予积极支持。

对推进调查、研究的建议

（10）完善灾害预测的观测体系

在预测地震、海啸、火山喷发、集中暴雨、洪水等灾害时，需要持续完善观测系统，推进基础研究。同时，对数百年乃至数千年低概率大规模自然灾害，还需要从地质学方面进行调查，确定自然现象的规模与形态。

（11）建立预测自然灾害的模型，提高不确定性的认识

对气候变化与温室效应，通过卫星观测及计算机模拟等方式，区分自然变化与人为变化的影响，提高预测精度。同时，查明科学上的不确定性，将这些结果反映到防灾对策中。

（12）提高国土资源及社会构造的防灾研究与开发

为克服国土资源及社会构造应对灾害的脆弱性，需要联合公共研究机构、民间研究机构

及大学，开展综合且统一的研究。国家应从组织体制及财政资源上给予支持。

（13）对调查研究成果的公开及人才培育

公共研究机构、民间研究机构及大学应将减轻自然灾害的研究开发成果，以容易理解的方式向国民及相关机构公开，同时，推进减轻自然灾害的人才培育工作。

6.4.6　减轻自然灾害的综合措施

为应对以首都直下型地震为代表的未来巨大地震，采取综合措施是不可或缺的。如图 6.24 所示，理学、工学、人文社会科学、信息学及医学的联合是十分必要的。工学中除土木工程与建筑学以外，还需要核工程及石油化学学科的加入。在人文社会科学中，需要考虑灾害对人及社会的影响及减轻风险的社会体系应对措施。此外，信息科学应将最新的信息技术运用于灾害收集及信息公开中。

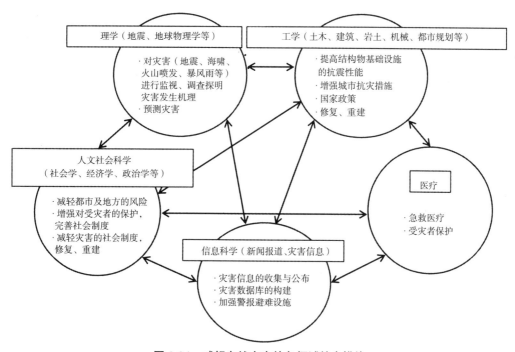

图 6.24　减轻自然灾害的各领域综合措施

为促进减轻自然灾害的综合措施，日本土木工程及建筑学委员会在东北地区太平洋近海地震后，组织了与自然灾害有关的 20 个学会的"综合应对东日本大地震的学术联络会"[12]。截至 2011 年 12 月，共有 24 个学会参加了该联络会，该联络会除包含理学、工学外，还涉及农林、水产等领域。

具体涉及的学会有：环境系统监测控制学会、暖通及卫生工学会、儿童环境学会、岩土工学会、区域安全学会、地理情报系统学会、土木学会、电气学会、日本应用地质学会、日本机械学会、日本建筑学会、日本原子力学学会、日本混凝土工学会、日本灾害情报学会、日本地震学会、日本地震工学会、日本自然灾害学会、日本水产学会、日本园林学会、日本区域经济学会、日本都市规划学会、日本水环境学会、农业农村工学会、废弃物资源循环学会。

该联络会的作用主要有两方面：（1）东北地区太平洋近海地震破坏的整体调查及灾害总结；（2）面对未来减轻自然灾害，提出并综合解决重大课题。尽管对减轻自然灾害而言，长期以来，综合措施是不可欠缺的，但各领域、各学会间存在差异未能实现联合，以日本的防灾调查为核心，期待联络会能发挥应有的作用。

联络会确定了"保护国民生命及国土以应对巨大地震及海啸"的基本方针为：

基本方针：今后对于类似于 2011 年东北地区太平洋近海地震那样带来巨大海啸及地震动的灾害，需防止大量人员伤亡及财产损失，确保国民生活免受灾难之苦。

另外，为减轻将来的自然灾害，提出如下建议：

灾后的紧急响应

（1）完善灾害信息收集、通信手段及传达体制，构筑可用的地理空间信息系统。

（2）强化应对紧急状况的食物、水、医疗品的运输及储存体制。

（3）完善受灾者保护支援的全面体制。

灾后重建

（4）生命线基础设施（道路、铁路、电力、给水管道、污水管道、废弃物处理设施、燃气、通信等）功能损失的最小化及快速修复。

（5）完善区域灾害重建的支援体制。

（6）恢复包含农林、水产业等产业复兴对策。

抵御地震、海啸的国家及城市规划建设

（7）社会防灾基础设施的功能强化与建设。

（8）考虑区域特性的防海啸城市规划建设（强化海啸监测体制、建设海啸避难设施、选定居住区域、设计抗海啸的城市街道）。

（9）提高大都市圈的灾害恢复能力。

（10）完善多领域专家与区域地方团体协同的支援制度。

调查、研究、教育

（11）由学术联合会主导的综合课题研究。

（12）东北地区太平洋近海地震的整体把握与总结。

（13）抗海啸工学的发展（查明海啸行为及外力特性、建造防海啸、抗海啸结构物）。

（14）推进建筑物、社会基础设施、产业设施及地基等的抗震性能。

（15）推进防灾教育，强化灾害经验的传承及灾害训练。

（16）区域组织（行政、企业、学校、医院等）的事业可持续规划及区域规划政策的制定与实施。

6.5　防灾领域的国际合作

6.5.1　灾害预防与灾后重建支援

由东北地区太平洋近海地震引起的海啸破坏及福岛第一核电站的重大事故，对日本造成了深刻的影响。对受灾地的灾后重建及核电站事故的处理需要花费很长的时间。但是，作者坚信，自古以来，人们在与地震、水灾等自然灾害的斗争中，为保护国土安全进行了持续不懈的努力，在既有技术支持的基础上，日本必将度过此次危机。

本书 1.1 节所述世界与日本的地震、海啸现状中（参见图 1.4），根据 1986 年以后的统计数据，近 25 年中，死亡人数超过千人以上的自然灾害，在全世界范围内共发生 60 次，共计 127 万人失去生命。因全球气候变化引起的巨大暴风雨、异常气象等危险与应对危险的社会体制脆弱相互交叠，世界范围内，特别是亚洲自然灾害激增。为构建可持续发展的人类社会，创造安全、安心的和平世界，不仅是科学工作者，也包括全人类，应联合起来应对自然灾害。东北地区太平洋近海地震带来的惨痛记忆一定能为减轻世界自然灾害起到应有的作用。日本在减轻世界自然灾害方面需要在国际社会中发挥主导作用，这样才能获得世界各国的尊重。

本节将介绍由土木学会及 NPO 法人的"跨越国境工程师代表团"提供支援的灾后重建行动。2004 年 12 月 16 日发生的印尼 Sumatera 岛近海震级为 9.1 级的地震，土木学会主导的对 Sumatera 岛西海岸道路灾害重建的技术支援，已经在本书 1.2.5 节中予以阐述。一年后的 2005 年 3 月 28 日，Sumatera 岛近海又发生了 8.6 级的地震，以 Sumatera 近海的 Nias 岛为中心发生了巨大破坏。

Nias 岛南北约 150km，东西 50km，人口约 70 万人，由于断层穿越该岛下部，导致死亡 847 人、负伤 6249 人的巨大破坏。建筑物、桥梁、边坡、港湾结构物等发生了破坏，破坏的原因之一是由地基液化引起的，如照片 6.6 所示。岛北部的 Mzoyi 桥梁的桥墩因地基液化发生倾斜下沉，以首都 Gunung Sitoli 为中心的建筑物也因地基液化发生下沉倾斜，如照片 6.7 所示。

照片 6.6　Mzoyi 桥梁的破坏情况
（2005 年印尼 Nias 岛地震）

照片 6.7　地基液化引起的建筑物倾斜
与下沉（2005 年印尼 Nias 岛地震）

为帮助 Nias 岛的灾后重建，日本土木学会在当地设立"重建支援小组"，通过与当地政府紧密协调，对桥梁的修复方法及建筑物的防液化对策提供了有益的技术支持，特别是在地基液化方面，通过地质调查及液化判定方法进行了技术支援。对液化判别方法而言，如 3.2 节所述，根据地形土质条件采用了简易的钻孔调查或是标准贯入试验等方法[13]。如照片 6.8（a）所示，对从日本带去的瑞典式标准贯入试验装置的使用方法进行了介绍；如照片（b）所示，对因受地基液化破坏桥梁的修复方法开展了与当地技术人员的交流研讨会。

（a）通过瑞典式贯入试验进行土质调查　　　　（b）关于桥梁修复方法的研讨会
照片 6.8　地基液化引起结构物破坏的修复技术支援

2008 年 5 月 12 日，在中国的四川盆地与青藏高原交界处的龙门山断裂中心位置，发生了 7.9 级的地震。震源附近区域发生了比兵库县南部地震更为强烈的地震动。大量建（构）筑物受灾，此外，在地表面风化的陡峭山岭地区，发生了大规模的斜面崩塌与滑坡。该地震引起的破坏参见 1.2.7 节所述。

照片 6.9　钢筋混凝土建筑物的破坏状况
（2008 年汶川地震）

地震发生后，由日本八个学术组织（土木学会、日本建筑学会、地震学会、岩土工学会、日本地震工学会、日本都市规划学会、地理情报系统学会、地域安全学会）成立了"赴四川大地震修复技术联络会"，作者作为成员之一，四次参加了与四川省技术人员关于震后修复的研讨会，研究了桥梁、建筑物、隧道等受灾结构物等的具体修复方法。

照片 6.9 为受灾的都江堰市六层住宅，一楼的柱与梁结合部位损坏，一楼与二楼部分发生大的相对变形。修复技术联络会小组在与当地政府协调基础上，提出了几种立柱加固方案，如图 6.25（a）所示，修复方法为日本建筑物与桥梁抗震加固常用方法，即对损坏的混凝土柱用钢板维护加固。另外，用图 6.25（b）的方法在修正建筑物的残留变形后，在一楼部分建造了剪力墙。

连接汶川与成都的正在建设中的高速公路桥梁垮塌的情况如照片 6.10（a）所示，横跨湖区的桥梁，单跨约 50m 的桥面梁脱离支座，发生垮塌。桥墩高度约 100m，顶端发生约 70cm 的变形，推测桥墩底部发生了破坏。如照片 6.10（b）所示，围绕桥墩底部损伤部位的调查

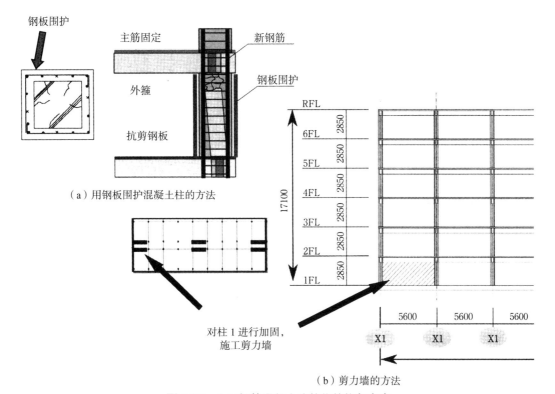

（a）用钢板围护混凝土柱的方法

（b）剪力墙的方法

图 6.25　六层钢筋混凝土建筑物的修复方案

（a）垮桥区间及临时工地　　　　　（b）对桥梁修复开展的共同会议

照片 6.10　高速公路桥面梁塌落（2008 年汶川地震）

及修复，召开了中日研讨会。

　　为培育减轻地震灾害的技术人才，学术联合会面向四川省的技术人员、青年教师、研究生等开设了由国际协力银行提供支持的地震学与地震工学特别讲座（照片 6.11）。讲座的题目有：（1）断层、地震、地震动；（2）建筑物的抗震设计与加固；（3）土木结构物的抗震设计与加固；（4）铁道结构物的抗震设计与加固；（5）道路结构物的抗震设计与加固；（6）地基边坡的抗震设计与加固；（7）减轻地震灾害的社会体系；（8）抵御地震的城市规划与建设；

照片 6.11　在四川省举行的地震学、地震工程学的特别讲座

（9）减轻地震灾害的地理信息应用。

地震后，四川省政府在西南交通大学设立了"抗震工程四川省重点实验室"，针对中国西部山区的地理、地形、地质条件，旨在提高土木、建筑结构物的抗震性能，研究灾后修复技术，且培育地震工程专门人才并开展国际交流。学术联络会对该重点实验室的研究活动提供持续支援，对如下课题开展了共同研究：（1）山区抗震建筑物的诊断与加固技术；（2）山区道路交通设施的功能评价及加固技术；（3）边坡及地基灾害的预防技术；（4）边坡的远程遥感监测及地理成图技术。

1990 年 7 月 16 日菲律宾吕宋岛中部发生的 7.7 级地震中，以 Dugupan 市为中心的广大区域发生了地基液化。地震中，市内 Pantar 河沿岸建造的私立大学的 5 层混凝土建筑因地基液化而发生倾斜，如照片 6.12 所示，建筑物最大下沉量约 1.5m，最大倾斜角约 3º。地震后一个月，日本土木学会向当地派遣了技术小组，从日本运送 20 台千斤顶，并派遣 1 名建筑物倾斜修复方面的专业人员对建筑物进行加固。加固工程有当地技术人员参加，并对其传

（a）建筑物全貌

（b）建筑物的下沉倾斜状况（最大下沉量 1.5m，倾斜 3%）

照片 6.12　地基液化引起下沉倾斜的 5 层钢筋混凝土建筑物
（1990 年菲律宾吕宁岛地震，Dugupan 市）

授了日本的修复技术。

修复办法如图 6.26 所示，按以下顺序施工：
（1）截断一楼所有的混凝土柱，并在柱上方设置承
受千斤顶的反力梁；（2）在一楼基础与反力梁间设
置 30 台千斤顶，通过千斤顶抬升下沉一侧的建筑；
（3）在千斤顶抬升的间隙中，插入新的钢筋，并浇
筑混凝土。

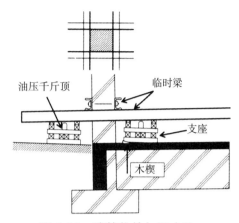

图 6.26　建筑物的加固方法

6.5.2　无国界工程师代表团（非营利组织）

2004 年印度洋海啸灾害后，作者访问了印尼
Sumatera 岛 Banda Aceh 市的孤儿院。海啸中失去
亲人的女孩质问道："日本也经常受到地震与海啸的破坏，为何不能事先采取有效措施来预
防。"我们无法回答这个孩子的质问，这也成为 NPO 组织下属的"无国界工程师"设立的初
衷。不幸的是，东北地区太平洋近海地震中，日本也遭受了同样悲惨的教训。

由地震、暴风雨、河水泛滥导致的灾害在世界各地频发，生命与财产损失巨大，受灾区
域的人们陷入极大的困难中。NPO 组织下属的"无国界工程师"就是以土木与建筑技术人
员为中心，旨在对遭受地震及水灾的人们及区域提供技术支持。

"无国界工程师"的基本理念是在日本土木学会与日本建筑学会等学术组织、公共机构、
产业界的广泛参与和支援的前提下，与其他 NGO 组织建立紧密联系，为受灾地区的灾后重
建提供支援，并进行减灾技术的普及，推进防灾教育与国际防灾研究，为构建"安全、安心
的和平世界"而做出贡献（图 6.27）。

到目前为止，"无国界工程师"2005 年在孟加拉水灾后重建及 Sumatera 岛 Banda Aceh
市的抗震建筑物施工中持续提供技术支援。东北地区太平洋近海地震后，将重点放在日本国
内。与大船渡市签订协议，派遣灾后重建所需的高级专门人才（照片 6.13）。派遣的人员均
为建设领域内实践经验丰富的技术人才，主要从事海啸后避难道路的规划、小学及海鲜市场
的重建。作为"无国界工程师"的一个分支，2005 年 7 月成立了早稻田大学防灾教育支援会（照
片 6.14），该支援会以早稻田大学理工科学生为主体，在印尼及日本国内各地以中小学为对象，
开展防灾教育活动。此外，京都大学也组建了京都大学防灾教育会的社团，持续开展了广泛
的活动。

东北地区太平洋近海地震后，日本经历了与 2004 年印度洋海啸同样悲惨的灾难。福岛
第一核电站的事故，又引发了对地震与海啸中核电站安全性的质疑。然而，不能以日本国内
受灾为理由，而减少对海外防灾领域的技术支援。应该将东北地区太平洋近海地震的经验和
我们所学到的知识，更积极地传播到世界各地。

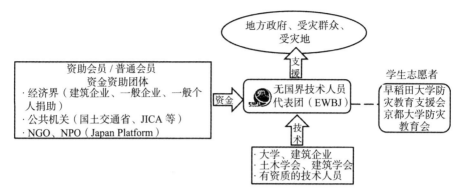

图 6.27　无国界技术人员代表团的组织与活动

照片 6.13　关于派遣技术人员与大船渡市签订协议

照片 6.14　早稻田大学防灾教育支援会的活动

6.5.3　日本学术会议的建议

日本防灾领域的国际合作是由外务省、国土交通省、JICA 等日本公共机构提供资金及人才支持，包含 NPO、NGO 等民间团体在内而展开的支援行动。

日本学术会议于 2010 年 5 月组织了"为减轻自然灾害而进行合作的研讨委员会"。针对防灾领域日本国际合作的基本战略、技术、受灾地国际合作支援、为国际合作采取的人才培养模式及日本参与国际机构的方式等，提出如下建议[14]：

·国际合作的基本战略

减轻世界范围内的自然灾害是日本国际合作的中心任务，必须联合政府、地方、产业界、学术界、NGO 等共同推进。在防灾的国际合作领域，创立有广泛机构、团体参加的"减轻自然灾害国际战略协调会"，推进日本国际合作。该协调会的构成及主要活动项目如图 6.28 所示。

·灾害预防合作与受灾地支援

为了保持自然灾害预防、受灾后紧急支援及灾后重建工作中的一贯性，设立由官、学、产、民参加的灾后预防合作与受灾支援综合协调平台，明确防灾领域信息的公共化及各团体机关的职能。

·人才培养与人才库的形成

日本以大学、研究机构、企业为中心，重视在防灾领域国际合作中发挥重要作用的人才培养。为进一步促进国内外人才培养，构建减轻自然灾害的世界范围内的人才储备，政府、地方、大学、研究机构、企业及 NGO 等相关组织协同设立了"人才培养综合平台"。

· 参与国际事务

积极推进以日本为主导或参与的国际事务，并开展国际合作研究。政府、地方、大学、研究机构、产业、NGO 等通过参与国际事务的综合平台及跨领域的防灾国际研究，设立了"国际合作研究基地"。

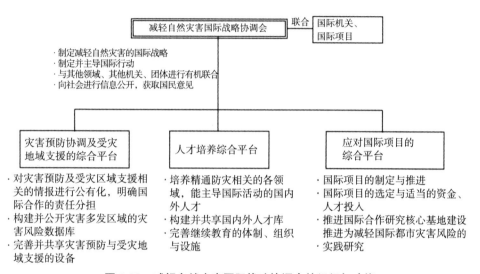

图 6.28　减轻自然灾害国际战略协调会的组织与功能

参 考 文 献

[1] 鎌田薫(編)，浦野正樹，岡芳明，鈴村興太郎，濱田政則，災害に強い社会をつくるために，科学の役割・大学の使命，早稲田大学

[2] 内閣府，南海トラフ巨大地震モデル化検討会，南海トラフの巨大地震による震度分布・津波高について（第一次報告），2012

[3] 宇佐美龍夫，資料日本被害地震総覧，1975

[4] 地震調査研究推進本部，相模トラフ沿いの地震活動の長期評価，2004

[5] 内閣府，平成 20 年版，2018，防災白書

[6] 貝塚爽平編，東京湾の地形・地質と水，築地書館，1993

[7] 臨海部の地震被災影響度検討委員会，臨海部の被災影響度検討委員会報告書，2009

[8] 濱田政則，喜田和政，岩楯敏広，三輪滋，東海地震に対する御嵩町亜炭鉱廃坑危険度に関する調査，充てん第 44 号，2003

[9] 早稲田大学理工学術院総合研究所，共和中学における亜炭廃坑危険度調査報告書，2012

[10] 内閣府，防災白書　平成 18 年版，2006

[11] 日本学術会議，地球規模の自然災害に対して安全・安心な社会基盤の構築委員会，対外報告書，2007

[12] 学協会連絡会のホームページ　http://www.jsce.or.jp/news/news_sub/jsce110527.shtml

[13] 三輪滋他，インドネシア・ニアス島地震応急復旧・復興支援チーム，土木学会誌，Vol. 90，No. 7，2005

[14] 日本学術会議，自然災害軽減のための国際協力のあり方，記録，2011

后 记

最近 25 年以来，包括作者在内的日本地震防灾领域的研究者和工程技术人员，经历了阪神淡路大震灾和东日本大震灾，饱尝了两次失败。但是，不能容许再有这样的第三次失败了。必须对东日本大震灾进行全面总结，在此基础上策定应对将来可能发生的地震、海啸灾害。

板块边界大破坏引起的东北地区太平洋近海地震，大幅改变了日本列岛的应力场。由于应力场的变化，加深了沿南海海沟的东海、东南海、南海地震和东京湾北部地震可能提前发生的危机感。全面梳理和明确软硬件两方面在应对灾害时的脆弱性，实施防灾减灾对策已成为迫在眉睫的课题。

为减轻地震、海啸灾害，构建安全、安心的社会，除了作者从事的工科领域之外，还必须实现与理科、人文社会科学等多学科领域的联合。与防灾相关的各领域需要积极推进与其他领域的协同合作。作者作为日本土木学会和建筑学会的委员长，联合了与防灾相关的 22 个学术团体，成立了东日本大灾害综合应对学术联络会。该学会的宗旨是分析地震灾害的原因，从学术及技术层面推进灾后重建，并为今后减轻自然灾害，加强各学术团体间的密切联系做出贡献。

近年来，世界范围内地震、海啸、风灾、水灾等自然灾害频发。为减轻自然灾害进行国际合作是经历过东日本大震灾的日本应承担的责无旁贷的义务，必须将东日本大震灾的教训用到减轻世界自然灾害之中。防灾领域的国际合作必须从地方团体、研究机构、大学及NPO 等各个层面进行推进。作者在 2000 年参与设立了由众多工程技术人员及研究者参加的NPO 法人"无国界技术人员代表团"，该团体从事灾害预防的技术援助、灾害发生后的救援及以儿童为对象的防灾教育等工作。并以印度尼西亚、巴基斯坦、孟加拉等东南亚各国为中心，开展了上述工作。今后，"无国界技术人员代表团"的活动还将继续开展，为减轻世界范围内的自然灾害做出应有贡献。

作者自 1966 年大学毕业以来，先后在大成建设、东海大学、早稻田大学任职，在地震防灾领域进行了持续的调查研究。本书写作的目的是为了减轻将来地震、海啸造成的灾害，也是作者到目前为止的调查研究工作的总结。

本书第 1 章叙述了日本及世界范围内地震灾害扩大的现状，并指出地震灾害扩大的原因之一是社会脆弱性的增大。作者对国内外发生地震灾害的现场进行了调查，基于调查结果，对受灾地区的重建及今后地震防灾对策提出了建议。1.2 节及 1.3 节是作者作为土木学会调查团的一员，在现场进行调查及从国内外地震灾害中总结的经验和教训。

日本的抗震设计开始于 1923 年的关东大地震，在不断总结随后发生的许多地震的经验教训的基础上，抗震设计法得到了发展，既有结构物得到了抗震加固。第 2 章是对这些抗震设计法和抗震加固技术进行的阐述，同时，对理解本书所需要的动力分析法进行了说明。

第 3 章和第 4 章分别介绍了地基液化和液化地基流动的机理，以及地基液化造成各类结构物及生命线设施的破坏，并介绍了对策方法。特别是在第 4 章中，对国内外 11 次地震造成的液化地基流动和破坏情况进行了总结。这些内容主要来自于日本和美国关于生命线工程的防液化对策与抗震设计相关的合作研究成果。

第 5 章对沉埋隧道、地下储存罐及山岭隧道的地震反应特性及抗震设计法进行了阐述。这部分内容都是基于对实际结构物的地震观测，其中主要是作者在大成建设任职时的研究成果。以这些研究成果为基础，着眼于地基位移，提出了地下结构物抗震设计法，即反应位移法。现在主要应用于地下油罐、隧道、埋设管道及地下通风廊道中。

本书指出，以东京湾北部地震为代表的首都直下型地震和沿南海海沟的巨大海沟型地震，有极大的发生可能。第 6 章对将来的地震，从硬件、软件两方面提出了减轻自然灾害需要解决的课题。

引导作者进入地震防灾领域的是东京大学名誉教授、已故的冈本舜三博士和久保庆三郎博士。冈本教授针对基于实验和观测的实证研究方法给予作者很多指导，久保教授给作者提供了很多有关液化地基流动和生命线抗震工程的研究机会。这里对上述两位教授表示衷心的感谢。

最后，借本书出版之际，向给予作者极大支持的大成建设、东海大学和早稻田大学的同事、参与调查研究活动的学生们以及为本书成稿做出贡献的早稻田大学研究室的各位同仁表示深深的谢意，特别是研究生加藤一纪、顿所宪弥、中町辽及研究室秘书松永律、永田珠美对本书的图表和手稿的整理给予了极大的帮助。最后，向为本书出版提供大力支持的丸善出版社的各位编辑表示衷心的感谢！

滨田政则

2012 年 12 月